第1図　約束の地（Promised Land）と老モーゼ．るいるいとたれさがるナツメヤシの実は，肥沃なカナンを象徴している．（1927年，スエーデン版『バイブル』）

第2図　深い井戸から水を汲む Sakiye とナツメヤシの木．樹と葉と毛は家屋と屋根の建築材その他日用の家具に，花と果実は人間と家畜の食料に，そして強烈な酒と蜜となって，エジプトからオリエント一帯の住民になくてはならないものである．

第３図　亮阿闍梨兼意『香要抄』末，麝香鹿．（天理図書館蔵）

第４図　ヤン・ハイヘン・ファン・リンスホーテンの肖像

第５図　樟脳製造場（『日本山海名物図会』1754年板）

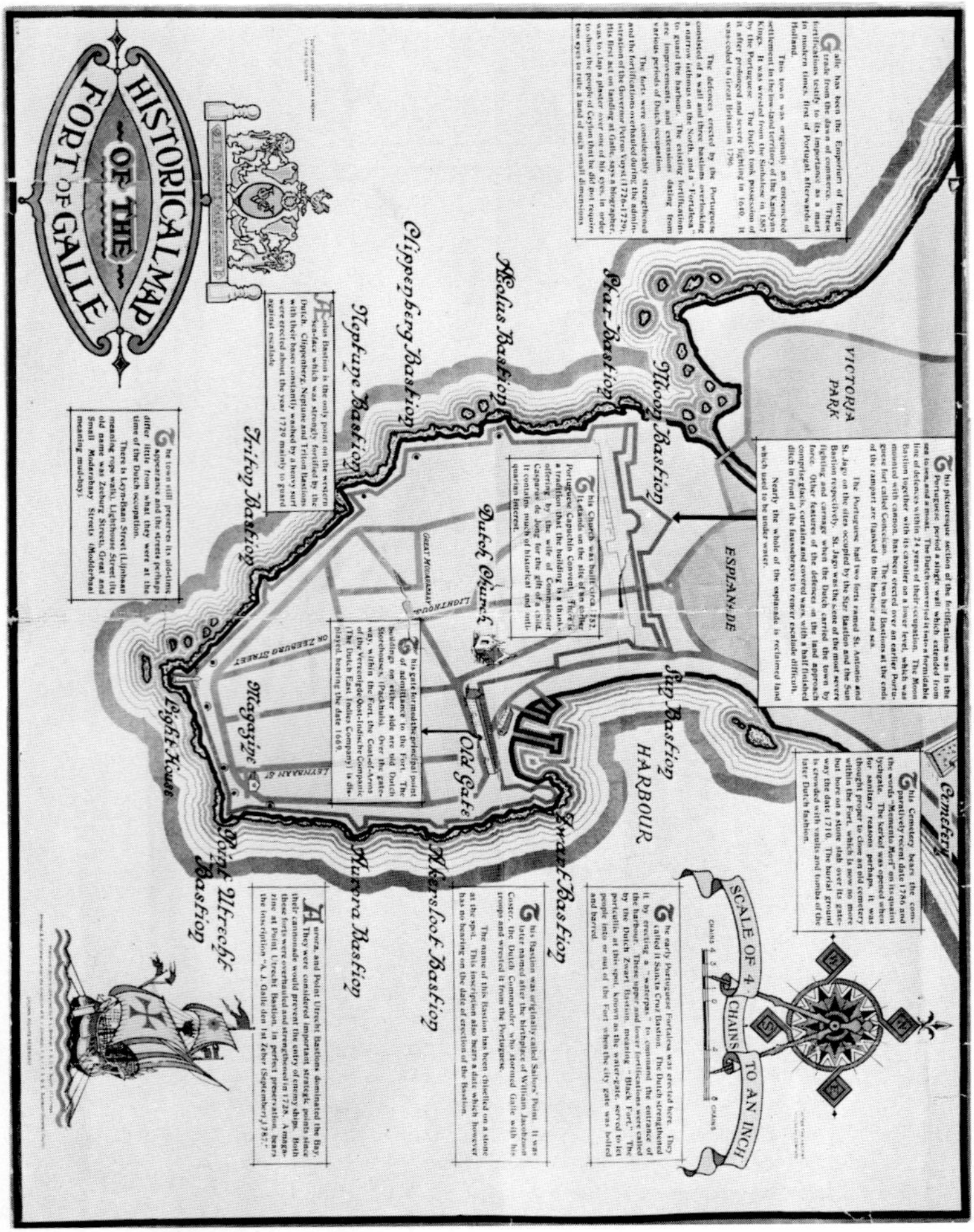

第6図　スリランカ，ガーレ要塞の歴史地図

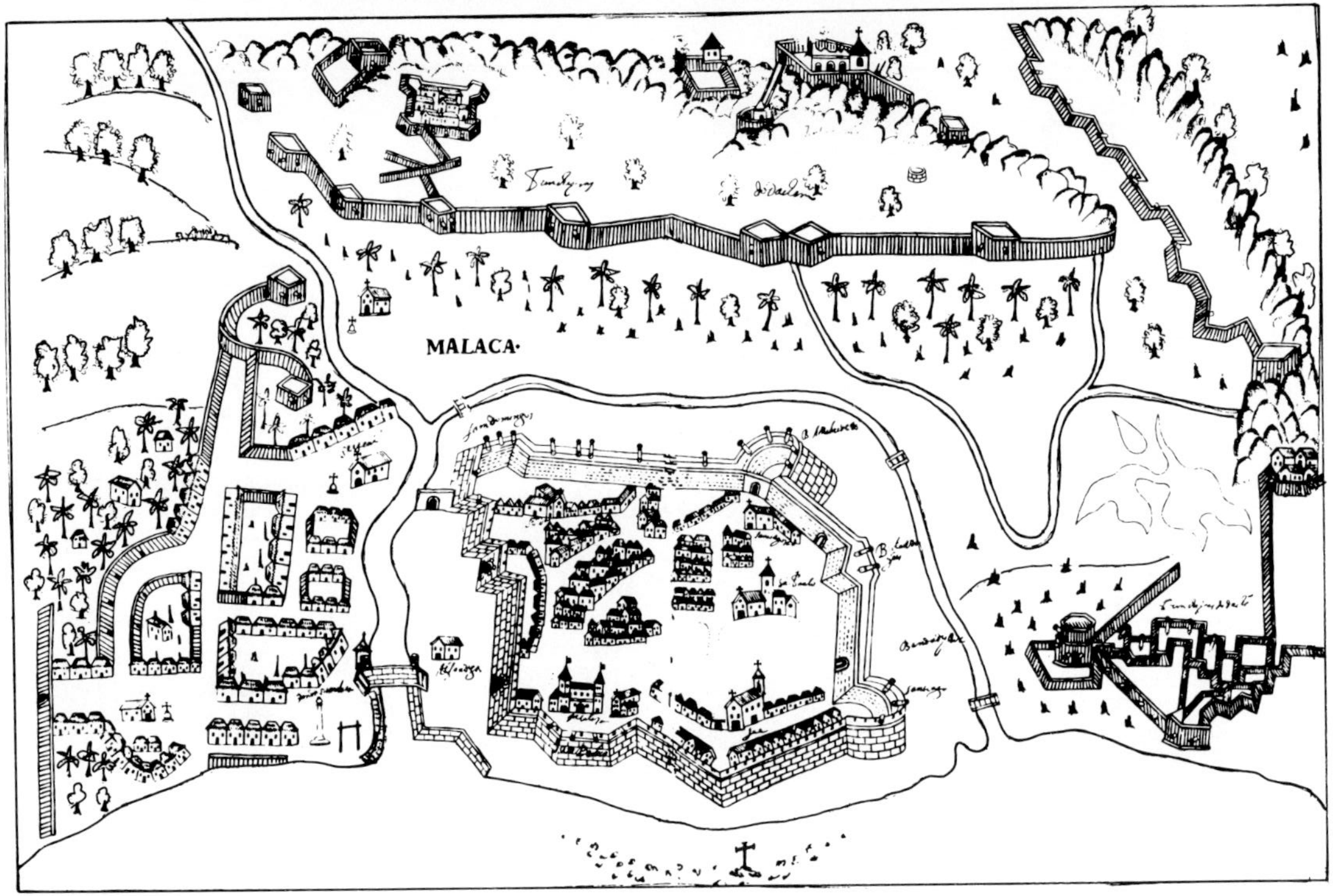

第7図　16世紀ポルトガルの，マラッカ要塞図

Ho Preste Joam das indias.

Verdadera informaçam das terras do Preste Joam segundo vio ⁊ escreueo ho padre Francisco Aluarez capellá del Rey nosso senhor. Agora nouaméte impresso por mandado do dito senhor em casa de Luis Rodriguez liureiro de sua alteza.

第8図　プレスター・ヨハネの像（フランシスコ・アルヴァレス『エチオピア王国誌』1540年版の扉）

第９図　16世紀ポルトガルのカラベル船（caravel）

第10図　インド，マラバル海岸・カリカットの町（古版画より）

第11図　ポルトガル，ゴア島の見取図

第12図　フランシスコ・ザビエー聖人の柩（ゴア，ボム・イエズス寺院）

第13図　オランダ船（17世紀古写本）

第14図　肉荳蔻（アコスタ『東インド薬物論』1578年）

第15図　南海の島とアラビア船（1237年の古画）

第16図　インド，ハーレムの古画

香薬東西

山田憲太郎 著

法政大学出版局

目次

第一部　香薬東西

三　ポルトガル　79

第一部　香薬東西

序　生活と香料

私たちの歴史は政治・経済・法律・文化・宗教・芸能・民俗など、色々の方面から語られ記され論じられている。しかし、ややもすれば余りに思想的な、理念的な面にかたよりすぎて、私たちの生活の実態から離れているような気がしてならない。私たちの生活の根本を形成するものは、私たちの労働によって生産される「物」の流通と消費ではなかろうか。「武士は食わねど高楊枝」と清貧に安んじ、江戸っ児は「宵越の銭は持たぬ」と自慢したというが、多くの人びとは、ともすれば「物」の歴史などは下《げ》の下《げ》であるように見ている。贅沢な「物」の歴史などは、なおさらのことであるという。何が贅沢で何が贅沢でないかは、時と人と所の、生活の程度が決めることである。

ある「物」が、ある時代の生活の中に存在していたのは、その時代の生活と繋がっていたからである。この繋がり方の深さ浅さと種々の様相は、色々の変化を示して、私たちの生活と文化を形成している。ここに「物」の存在がある。

私は今、多くの人から贅沢品だといわれがちな香薬、すなわち香料の歴史について語ろうとする。まず、現代以前の香料薬品の使用の歴史を、きわめて大まかに大胆に見てゆこう。

中国人は沈香木という香木を焚いて、一見したところ、浮世離れした清楚幽玄な匂いの境地に「香」の世界を見出していたようである。きわめて高踏的なものこそ彼らの匂いであると思われるが、そこには別の人間的な一面がある。彼らは、この幽玄な匂いの奥底に、鼻のしびれる昏倒の気をはらむ、助情の気を感じ、人間臭いものを見出している。それから食生活こそは人間生活の根本であると考え、これが生活力の充実であるという。そして食物の領分では、薬臭があって刺戟の強い「薬味」を必要としている。中国料理を味わってください。種々の油と、薬臭い味と匂いと刺戟とゼラチン質などが中心である。「薬味」としての香薬がなければならない。

インド人は端的にいうと、頭髪や顔と肢体《したい》に香油を塗布している。特に白檀《サンタル》という香木の粉末と油である。白檀は身体に冷気を与えるとともに、薬物上の効能がきわめて強い。炎熱のインドでは身体が臭い。大汗腺の分泌物は、黒色系の人種には殊に強い。俗にいう腋臭《わきが》である。生理上の悪臭をさける、これを彼らは穢《けがれ》を去って、神仏を供養するという。彼らの生理上の要求に応じる、薬物であって香料であるものがなければならない。ガンジスの聖なる河に浴し、白檀などを塗抹して、生きることの歓喜を知り天を拝する。

西方の古代オリエント、エジプト、ギリシアでは、南アラビアの乳香と没薬という樹脂系香料を焚いて、神に直結するものとした。香の煙の中に匂いを知る。だから香料を意味する perfume は煙（fumum）を通じて（per）である。とともに彼らは香薬の匂いを油脂に吸収させ、香膏と香油を神々の像に塗るとともに、彼ら自身の髪や顔に塗っている。今日の化粧料（cosmetics）の源流である。また死体に香膏を塗って、あの世へ行く人たちに、生前と同じ化粧をほどこしている。日本人のように経帷子《きょうかたびら》で三文の銭を持たせてやるのとは、全くちがう。前二十五世紀から紀元前後まで製作されていた、エジプトのミイラの色彩と化粧を思い出してもらいたい。できたては佳香ふんぷんで目もあやであったろう。この風習はオリエントからギリシアでもそうであった。

さて、中世以後のヨーロッパ人のスパイス（香辛料）にうつろう。彼らは化粧料として香料を盛んに使っているが、彼らの香薬の主体はスパイスであった。彼らの食生活になくてはならない「胡椒、肉桂、丁香、肉荳蔻」などである。牛、羊、豚、鳥、塩乾魚そして脂肪、特にオリーブ油を中心とする彼らの食生活は、スパイスを加味することで始めて成り立つ。これがなければ食べられない。スパイスは食品と一体となって、彼らの求める食品としての匂いと刺戟と味を作り出す。食欲の増進はもちろんのこと、生活力の充実である。丁香を筆頭として、スパイスは精力剤である。それから胃、腸、肝臓の妙薬だと信じられていた。胃腸を丈夫にし、大いに食って飲み、生活力（vitality）を満たす。単なる薬臭さ、甘い辛い味だけではない。強く生きるための食生活である。

はなはだもって平凡なこと。なんだ、こんなことかといわれるだろう。しかし、ありふれた生活の中に香料はあったのである。

一　オリエント、エジプト、インド、そしてアラビア

神々を拝す火祭の儀——古代を代表する乳香と没薬

アラビア南部海岸とその対岸である東アフリカのソマリーランドは、乳香《にゅうこう》と没薬《もつやく》という古代の香料を出した唯一の国であった。ともにある種の植物の幹に切り傷をつけ、滲出する樹液（ガムレジン）の凝固したもので、古代のオリエント、エジプト、ギリシア、ローマの諸文明、とくに神々の祭典になくてはならない焚香料（incense）、すなわち火で焚《た》いて立ちのぼる香の煙で神明に誓う絶妙なものであった。

この乳香は「ヘブライ・レボナー。アラビア・ルバーン。ギリシア・リバノス。ラテン・オリバナム」といって、みな乳白色（milk white）の意味である。乳香はその名のとおり、ミルクのしたたりが固まったもののようで、白い優雅な香煙（delicately aromatic smoke）を発する。牧畜と農業で生活する古代泰西（ヨーロッパ）の諸国民にとって、ミルクこそは、ミルクのしたたる沃野とともに生命の糧《かて》であった。乳香の煙こそ、彼らの信じ崇拝する神々に直結する唯一のものであった。ミルクでなく

てなんであろう。

没薬は「ヘブライ・モール。アラビア・ムル。ギリシア・ミラ。ラテン・ミルラ」で、ともに温和(sweet)の反対の刺戟が強い(bitter)という意味で、乳香のミルクを思わせるものと対立している。これは、優雅な香煙ではなくて、人間のあらゆる病気をいやす薬剤であるとともに、強力な感受性を与える匂いである。甘美で優婉《えん》(しとやか)な乳香に対し、人間として強く生きてゆく活力(vitality)のあふれる匂いである。

乳香と没薬という古代泰西を代表する二つの香料の意味は、以上のようであると解釈され、その語源は古くヘブライ語までさかのぼるとされている。そして多くの人びとに、そう信じられ、なんの疑いも投じられていない。しかしである。古代のヘブライ人は誰から、南アラビアとソマリーランドの二つの香料の使用を教わったのだろうか。彼ら独自の発見では、もちろんない。彼らより早く古代オリエントとエジプトの両文明は、前二十世紀以前から使っている。そうするとヘブライ語の起源は、この両文明に求めなければならない。そして両文明で使った言葉の意味は、ヘブライ語に発するという「乳香のミルクすなわちスウィートと、没薬の強力なビッター」ということであったのだろうか。

ユーフラテス河口のシュメルとウルの古代文明では、乳香を「シムヒア(宦官《かんがん》「シム」が樹脂を焚く「ヒア」)」、ラバナツム(神官「ラビ」が固形樹脂「ナ」を焚く「ツム」)」といっている。固形の樹脂である乳香を、神々の祭壇で神官が焚いていたことである。祭天の儀の香である。そして古代エジプトでは、乳香を「サーマー」といっているが、多分にシュメルの「シムヒア」とつながっている。それから、

この両文明では、

「香煙、香を焚く、香炉、焚香料、香木、香壺」

などという楔《くさび》状と象形文字が祭天の儀に使われている。

ここで考えてもらいたい。ヘブライ語のレボナー、アラビア語のルバーンは、シュメルとウルの「ラバナツム」に発していることである。もともとは神々を祭るのに焚いていた香の義である。それはほとんど乳香と没薬であった。「祭天の香物《こうもつ》」にほかならない。そしてアラビア南部に産したから、オリエントとエジプトと南アラビアとの三つの古代文明をつなぐものであった。実に古代泰西の香の使用は、天や神を拝する火祭の儀から始まっている。それが後のヘブライ人の時代になって、乳香と没薬の使用がオリエントからギリシアへ広まり、ミルク・ホワイト(スウィート)やビッターの意義に転用されて今日にいたったのである。

古代のオリエント、エジプトとつながる幻の南アラビア文明

前二十世紀以前から古代のエジプトとアッカドやシュメルなどで、乳香と没薬を中心とする焚香料(incense)を、神や天を祭る火祭の儀に使用していたとすれば、古代泰西の文明人たちはどのような径路でそれを手に入れていたのだろうか。古代エジプトではナイル河を溯る上流地方から、あるいは船で紅海を下って、その入口方面であるソマリーランドからと想像される。前十五世紀の有名なハッ

トセプスト大后のプント国遠征隊が、紅海入口方面のアフリカの海岸に到達したのであるとすれば、大体そのように考えてよろしい。また『バイブル』が伝える古代アラビア南部、サバ王国などとのつながりからすれば、アラビア西南部からであることも想像されよう。

ところがアッカド、シュメルの文明は、エジプトとは別に、ペルシア湾から海上をアラビア南部海岸へ、そして東アフリカの沿岸まで航海している。彼らは地中海を「上（メギド）の海」と称し、それに対しペルシア湾からインド洋を「下の海」といっているが、特にインド洋を後のセム語では「銅を運ぶ（エルートラ）海」といっている。これはインドからとともに、東アフリカの東南部から銅をメソポタミアへ運んでいたことを示している。古典時代にギリシア人がペルシア湾と紅海の外洋をエリュトウラー海といったのは、実にこの意味からであった。そうすると、メソポタミアの文化圏はエジプトとは別に、古代から海上を東アフリカまで航海し、アラビアの南部海岸で乳香と没薬を手に入れていたと想像される。

この場合、古代エジプトとどちらが早くアラビアの焚香料を使用し始めたのかわからないが、とにかく前二十五世紀代にはどちらも既に祭天の火祭の儀に使っている。南アラビアとソマリーランドの乳香と没薬を最初に使用したのは、この二つの古代文明であった。（ただし、初めからその使用について、両者の間に繋がりがあったのかどうか、わからないとしてである）

そうすると、初めて乳香、没薬を祭典の儀に焚いたのはどこの民族であったのだろうか。原産地の住民は文化の程度が低く、天恵の香料を使用することを知らなかったのだろうか。古代エジプト人とアッカド、シュメル人などの進出によって、彼らにより初めて香として取りあげられたのだろうか。私はよくわからないが、ここで一つの想像をたくましくしたい。南アラビアのサバ、ミナエイなどに古代文明のあったことは、おぼろげであるがわかりかけてきている。前二十あるいは十五世紀代のアラビア人を描くレリーフが、古代エジプトに残っている。一九五〇年代の初めに、アメリカの南アラビア考古発掘調査が行われ、この方面の古代文明と生活は光明を浴びかけたが、この地方の政治情勢などからその後あまり進展していない。もしこの方面の発掘調査が、エジプト、メソポタミアことにペルシア湾などと同じ程度まで進んだならば、意外な文明が古代から存在していた事実が浮びあがるのではなかろうか。私は古代エジプトとメソポタミアの二大文明に対し、古代西南アラビアの文明のあったことを想像したい。これはまだ「幻の古代文明」である。ただ乳香、没薬というインセンスの使用ということだけからである。私は古代エジプトとアッカド、シュメルのインセンス使用の事実からして、その先蹤を幻の西南アラビアの古代文明に求めたい。彼ら幻の古代文明人は、彼らの土地に出す乳香と没薬を、初めて神の祭儀に焚いていたのであろうということである。彼らによって、古代のエジプト人も、アッカド、シュメル人もインセンスの存在を教わり、神を祭る火祭の儀に使用したのである。アッカド、シュメルの船がアラビア西南部の海岸で発見したと考えるのは、余りにも一方的であろう。エジプト人の場合も同じである。前十五世紀以後、ミナ人、サバ人などの手によってオリエントとエジプトへ転送されていたことを考えれば、彼ら以前の幻の南アラビアの古代文明こそ、乳香、没薬を中心とするインセンスの最初の発見者であり使用者であったのだろう。

けがれを除き神に奉仕――インド人とサンタル

香料は同時に薬物であって、「香薬」といわれているが、薬物としての効能より匂いの方がまさっているものが「香料」である。この香料を昔の中国人は、沈香《じんこう》という香木を焚いて、その清楚幽玄な匂いの中に香《こう》を求めた。これと反対に中世以後のヨーロッパ人は、飲食品の味つけとして、味覚の快感をそそる香辛料（spices）を香料であるとした。すなわち生活力（vital energy）の充実を食生活から与えてくれるものである。

ではインドではどうであったろう。

香料とは本来、穢《え》（けがれ）を去るものという意味である。ふんぷんとして佳香をみなぎらせるから、香料の用途は広い。

しかし人間自体から発する臭気は、上は四十万里の上空まで達するほどで、清浄なもろもろの天人のいといたまうところである。

天竺《てんじく》（インド）は暑熱だから身体は臭い。だから香を身体に塗って、諸仏や神々を供養するのである。そして香には、「根の香、枝の香、華《はな》の香」の三種があるが、どれも穢れを去るものだという。

黄、白、黒の三つの人種の中で、最も体臭の強いのは黒色系で、次は白色そして黄色の順である。この体臭は、皮膚の脂腺と汗腺から分泌するもので、特に汗腺の中にある大汗腺の分泌するものは、腋臭（わきが）で代表されるように甚だ臭い。炎熱多雨、炎天乾燥のどちらであっても、黒色系の人たちの住む世界は体臭の強烈なところである。

香料は元来、穢れをなくするものであるというのは、彼らの体臭をやわらげ、諸天や神を祭るのに清浄な身体でなければならないということである。彼らインド人は、この香として古くから栴檀《せんだん》（梵語のチャンダナ、ラテンのサンタル、白檀）を身体に塗抹している。彼らの崇拝し親しんでいる「牛」の名を冠して、古く「牛頭《ごず》栴檀」ともいっていた。

これを塗れば一切の病いを除き、火の燃えさかる中に入っても焼けず、阿修羅《あしゅら》（鬼神）と戦い傷ついても直ちにいえる。性質は冷涼だから、大蛇も多く巻きついて傷をいやしている。熱病と風腫をいやす万能薬であるが、本来は諸天と人間の垢《あか》（けがれ）を去るものである。

灼熱《しゃくねつ》の太陽の下に生きてゆく人たちの求める匂いである。彼らは日に数回沐浴《もくよく》し、カンフォル（竜脳の油にサンタル、沈香、麝香《じゃこう》（ムスク）などを混ぜた香油を塗抹して、諸天と仏を敬している。彼らの生理上の要求から生まれた化粧料（cosmetics）の一種であるが、祭天の供養とされているところに意味がある。

このような化粧料としての「香」の使用は、インドだけではない。古代エジプトとオリエントにも古くからあった。没薬と肉桂の匂いを植物性の油と動物性の脂肪に吸収させた香膏（オイントメント、匂い油）である。神々の像に塗りこめ、礼拝する司祭や王侯の身体に塗抹している。この風習はやがてギリシア・ローマへ伝わり、化粧料となっているが、インドとは賦香に用いる香料は全く異なっている。それから早く古典時代から、この匂い油は神々のものということからぬけ出して、現実の人間のものとなっている。人間生活の中の匂いであって、これを化粧料という。ところが天竺では、例え現実の体臭をなくすることに発していても、それはあくまでも諸天や神仏を敬し、奉仕するためのものだと信じられ、そして使用されている。われわれ人間が、人間のために「香」を用いるのではなくて、諸天のために、諸天のものとして穢れを去る「香」を用いるのである。身体に塗抹するのである。だから今日の化粧料の源流はインドには求められない。

ところでまだ一言したいのは、薬物上の効能は十分だとして、サンタルの匂いである。これほど脂粉の香《か》にあふれるものはない。それはまた、発散性に富んで身体の熱を去る。インドの自然に生活する人にとって、なくてはならない人間的な匂いである。甘美でねばっこくいつまでも消えない麝香の匂い。それから透き通るようで、いつまでも冷涼な快感を与える竜脳の香。この三つはインド人にとってなくてはならない香である。脂粉と甘美と爽涼の匂いが、彼らの求める匂いの根源であった。

お釈迦さんや仏菩薩はまっ黒け——カンフォルとムスクを塗りこめている

お釈迦《しやか》さんを中心に諸々《もろもろ》の菩薩《ぼさつ》など、私たちが仏体(仏身)として尊崇しているおからだは、ほとんどまっ黒けでいらっしゃる。あの黒い身体に金色燦然《こんじきさんぜん》とした目もまばゆい強烈な赤、青、黄の色彩がほどこされている。中国や日本の気分ではない。やはり天竺の御出身である。だから黒いのだろうか。単に黒いだけではない。漆黒の色合いは微妙な底光りを放って、さすがは仏体であると思わせる。諸仏は香の煙りで日夜礼拝されているから、香の煙でいぶされて黒くなられたのだろうか。単純にそうだとはいえないようである。

マレイ半島南部、スマトラ島西北部、北ボルネオだけに出す天然結晶性顆粒の竜脳香（カンフォル）という、とびきり上等の香料薬品がある。この代用品として十三世紀ごろから中国で作られたのが樟脳であるが、竜脳の匂いは優雅上品この上もなく、極めて強力で透き通り、いつまでも匂いが消散しない絶品である。薬用として香料として古代のインド人に最も愛賞されたものである。彼らはその用途の一つに偶像賦香用をあげ、普通以上の高価な薬品として認めている。これはなんであろうか。

偶像にカンフォルを塗るというのは、インドから東南アジアにかけて彼らの崇拝する神や仏の像に塗布することである。この風習は、やがて神仏を礼拝する高貴の人たちの身体にも塗布することになろう。十三世紀初めの中国人は、ベトナムの占城《ちゃんぱ》で「国人は清潔を好み、一日に三ないし五度も沐浴するが、竜脳と麝香《じゃこう》を混ぜたものを身体に塗っている」という。またインド南部のクイロンでは、国王の行列の前後に従う婦人約五百人は、竜脳と麝香と種々の香薬を混ぜたものを塗抹しているとある。また『旧唐書《くとうじょ》』にはベトナムの林邑《りんゆう》国で麝香を身体に塗っているが、一日のうちなんべんも水浴し、なんべんも塗る、とある。十四世紀に入ると、占城では一日に三、四回水浴し、竜脳と麝香を混ぜた香油を塗っているという。また真臘《しんろう》（カンボジア）では、男女とも常に香薬を塗っているが、白檀や麝香を混じて作ったものであると説いている。その他多くの中国の書に、南海諸国の習俗の一つとして上げられている。高温多湿あるいは炎熱乾燥の地方の最も快適な化粧料の一つで、インドを源流として東南アジアのインド系の色彩の強い国々で行なわれていたのであろう。

ただインド自体について、彼ら自身の古い資料からこのことの流行を私はあげることができない。神仏の像に塗布し、やがては人間の身体に塗ったのだろう。こうして貴重な竜脳の需要の多かったという事実が推測されるのである。だから中国人の記録によって、ベトナム、カンボジアなどインド系色彩の強かった国々の風習をあげ、それによって本家であるインドの実態を想像してもらいたいのである。十六世紀初めのポルトガル人、デュアルテ・バルボーサは、インドで需要の多いアイドル用のカンフォルとだけしか記していないが、高貴の人びと、それから女性の大切な化粧料であった。この場合、多くは香油、あるいは軟膏ようのものであったようで、カンフォルの油（竜脳油）あるいはその他の植物油に麝香、白檀、沈香、結晶竜脳その他の香薬を混じたものだろう。麝香は水にもアルコールにも溶解しないが、ある種の油、例えばリナロールなどにはよく溶解する。だから竜脳の油に麝香を混じると、麝香はよく溶解して、竜脳の揮発性の強い佳香が身体に冷気を与えるとともに、麝香の粘着力の強い妙香が竜脳・麝香と渾然一体となっていつまでも残り、限りない至上の快感を与えるものであったろう。と同時に麝香の脂粉の香《か》は、竜脳の透徹《とうてつ》した匂いとマッチ（調和）して微妙な香の世界を展開したのである。

お釈迦さんに従う諸天や菩薩はそろって黒い。黒光りのする竜脳と麝香を混じた香油を塗抹していたからである。炎熱のインドではそうしないと身体がもたない。たまらない。天竺の人の生活の知恵でなくてなんであろう。しかしこの知恵は、彼らの尊崇する神々や諸天のものとされ、人間のもの、生理的なためのものとされていないことを忘れてはならない。

没薬は愛情の匂い——『バイブル』は語る

『旧約聖書』の中で格言、教訓、道徳訓などを多く含むという『箴言《しんげん》』の一節に、

わがベッドには美《うるわ》しきしとね、およびエジプトの綾布《あやぎぬ》をしき、没薬、アロエ（aloes wood）、シンナモン（肉桂）をもてわがベッドにそそげり。来れ、われら夜の明くるまで情をつくし、愛をかよわして相なぐさめん。

と語っている。けしからんと憤慨しないでください。ソロモン王の『雅歌』に、

わが妹《いも》わが新婦よ、汝の愛は楽しきかな。汝の愛は酒よりもはるかにすぐれ、汝の香膏（香油）の匂いは一切の香物よりすぐれたり。——汝の園の中に生いいづるものは、——スパイクナルド（甘松香）、サフラン、カラムス（菖蒲）、肉桂、さまざまの乳香の木および没薬、アロエ、一切の貴《たつと》き匂いなり。

と歌っている。

キリストがユダヤのベツレヘムで生まれたとき、東方から訪ねてきた博士（マギ）たちはひれ伏して拝《おが》み、宝の箱をあけて「黄金、乳香、没薬」の三つを礼物としてささげたという。黄金は現世の王《キング》、乳香は神、没薬は救世主を寓意して、生まれたばかりの幼子こそは、この三つを兼ね備えている尊い人と、そのころの人たちに信じられていたからである。

乳香の煙は神を拝する人たちと神とを結ぶ唯一のものであるから、それは神のもの、すなわち「神」に通じるものである。没薬は現世の人間を救ってくれる唯一のもの、人間の日々を楽しくしてくれるものである。黄金は国を富まし、人びとの生活を満ち足りて不足のないものにする。心の糧《かて》である「神」から、生活の糧である黄金までである。――すると現世の人間を救ってくれる没薬とは、単に日々を楽しくしてくれるだけのものだろうか。

始めに記しているように、没薬と肉桂やアロエをベッドにまいて愛情を深めるという。わが愛する人の情愛は、花園の中に生《お》い出る乳香、没薬、肉桂その他の匂いだという。「愛情の匂い」でなくてなんであろう。「神」の喜ぶ「神の匂い」である乳香とともに、人間の喜び楽しむ没薬の匂いがある。愛情の匂いこそ救世主である。愛情至上主義だと単純に解釈しないでください。お互いの人間生活を深く広く繋いでいるものはなんであろうか。よく考えてもらいたい。

匂いと言えば、すぐ神や仏のものと解釈する人が多い。事実そうである。しかしこの匂いである香料を、私たちが古代から使用したのは、私たちの生活の中においてである。この場合、そこには美と醜《しゅう》の両面がある。「醜」という表現は、いささかぴったりしないところもあろうが、私はこれをもって人間的なものと申したい。この人間的なものは、ともすればはばかられ、語られないことの方が多い。醜という字は「見た目がみっともない」で、秘して語るべからずとされる。しかし、格言と教訓に富む『箴言』は、「夜の明けるまで愛情をつくそう」と語ってはばからない。そして美《うるわ》しいしとねは、没薬と肉桂の妙香にあふれているという。香薬本来の余りにも人間的な一面を、端的に表現している。

ミイラの製造に不可欠――パームの酒や没薬と肉桂

古代のエジプト人は、人間の霊魂は死とともにひとまず肉体から離れるが、もし肉体が生前のままの姿に保存され、生前と同一の環境におかれると、再びもとの肉体に帰ってきて永遠に去ることはないと信じていた。というわけで、彼らは前二十五世紀代から紀元前後まで、死体をミイラにして生きている時と同じ状態にしたのである。彼らはミイラ作りを専門の業とし、その技術を会得している人のところへ遺体を運び、ミイラ師と上・中・下のどれで作るかを談合する。その上製はこうである。

ミイラ師は屋内の秘密の作業場でミイラ作りに着手するのであるが、まず鉄の鉤《かぎ》で鼻腔を通じて脳をえぐり出すとともに、その一部は薬品の注入によって引き出す。それから鋭利なエチオピア石で脇腹にそって切開し、内臓を全部取り出し、腹部をパーム椰子《やし》の酒（ワイン）でよく洗滌し、つき砕いたスパイス（香料）で浄《きよ》める。そうしてから純粋の没薬や肉桂その他のスパイスのこまかい粉末をつめこんで、もとのとおりに縫い合わせる。それが終ると七〇日間ソーダ液の中に漬けてミイラにするのであるが、それ以上に長く漬けておくことは許されない。七〇日が経過すると、ミイラになった死体を再びパーム椰子の酒で洗って、全体を亜麻《リネン》の布で作った包帯で巻きつつみ、その上にエジプト人が膠《にかわ》の代わりに用いる匂いの強いゴムをこすりつける。

こうして出来たミイラを近親者は受け取ると、人の形の木形を木形師に作らせ、ミイラをそれに封入し、壁にまっすぐ立てかけて墓所に安置するのである。

ミイラの製造にあたって、「パーム椰子の酒、没薬、肉桂その他の香料《スパイス》と、匂いの強いゴムすなわち香膏（オイントメント）」が、なければならない薬品と香料である。

ところが、このミイラ師には怪聞がある。有名な人の夫人は、およそ非常な美人であったり、非常に尊敬された婦人もそうであるが、死んでもすぐにはミイラ師に出さないで、三、四日経た後に初めてミイラ師に渡すことになっている。なぜかといえば、ミイラ師が彼らの妻をはずかしめるような行為をしないようにするためである。実際、あるミイラ師が死して間もない婦人を凌辱しているところを見つけられて、仲間の職人に密告されたという話がある。

これは一人の外国人である前五世紀のヘロドトスの伝えるところであるから、このようなふらちな事件は相当あったのだろう。

彼らミイラ師は、パーム椰子の酒で死体を洗滌し、没薬と肉桂をつめこみ、ミイラ化すると再びパームの酒で洗っている。パーム椰子の実は、エジプトからオリエント一帯にかけて、人びとになくてはならない食料資源であるが、花のまわりの大花苞を刺し通すと、シロップ状の液を滲出する。これを集めたものが強烈なアルコール性のパームの酒である。『バイブル』を開いてください。いたるところにパームの酒の話がある。ヘロドトスは「パン、ワイン、ハーニー」を出す唯一の植物だといっているが、彼のいうハーニー（蜜）は、現代のわれわれがいうところのものではなくて、パームの酒が変じた蜜である。ヘブライ人はパーム椰子の別名を「タマール」という。これは優雅、端麗の意味であるが、特に幽艶な絶世の美女を指している。だから彼らの神は、タマールの酒を飲むなかれとしばしばいましめ、近づきおぼれることなかれという。

彼らミイラ師はタマールの酒を飲みながらミイラを作っていたのであるが、その酔い心はついふらちな行動を美人の死体に及ぼしたのであろう。永遠の天国に安住するミイラを作るミイラ師は、天国と地獄のパームの酒に耽溺《たんでき》したのである。

油脂にふくませた知恵（化粧料）——死者には貧富の差なく

エホバ、モーゼにいいたまいけるは、汝《なんじ》また重だちたる香物を取れ。すなわち浄《きよ》き没薬五〇〇シケル、香ばしき肉桂（シンナモン）その半ば二五〇シケル、香ばしきカラムス（菖蒲）二五〇シケル、桂皮（カッシア）五〇〇シケルを、聖所のシケルにしたがいて取り、またオリーブの油一ヒンを取るべし。汝これをもて聖なる灌香（そそぎ油 anointing oil）を作るべし。すなわち香物を作る法にしたがいて香膏（匂い油）を作るべし。是は清きそそぎ油たるなり。（『出エジプト記』）

種々の植物性の油と動物性の脂肪に「没薬、肉桂、菖蒲」などを混じ、それらの佳香にあふれる「匂い油」を祭壇、祭祀の諸器具に塗って聖なる場所にせよと神は命じている。乳香、没薬などの香を焚いて、立ちのぼる香の煙で神を祭るとともに、匂い油を祭祀の供えとしている。これは古代のエジプトに発するもので、まず神々の肢体に塗抹して礼拝することから始まっている。香を焚いた香煙からだけではなくて、香料の匂いを十分に吸収させた香油を塗布するのである。そして崇拝する神々の像から、やがては祭神の儀を司る神官、それから王侯、貴族へとその使用は広まっていった。神から人間へである。しかしヘブライ人の間では、まだ人間が使用することは許されていない。それだけ貧乏であったのである。

香膏すなわち匂い油を塗抹する。炎熱乾燥の風土では皮膚の荒《あれ》を防ぎ、頭髪、顔面、肢体を清浄快適なものにするためである。またいろいろの衛生上の効能を高めるため、油脂類を塗布することが要求される。この場合、香料を油脂に賦香することは、香料の発する馨香《けいこう》を楽しむことであるが、と同時に、香料の持つ薬物上の効果をねらっている。没薬、肉桂などの性状を知ればなるほどとうなずけよう。香薬としての使用である。そしてまず神々の像への使用から人間へと広がってくる。これがエジプト古来の香膏（ointment, unguent）であるが、油脂類に香気を吸収させて「匂い油」を使用する方法は、人間が天然の種々の香料の匂いを、人間のものとして保存し使用する古代人の知恵であった。こうして化粧料（cosmetics）としての香料の使用が始まる。

ところがミイラを作るとき、最後にミイラ化した遺体に生前の姿そのままの化粧をほどこしている。この場合、香膏がなくてはならない。生きていた日の姿のままでないと、その人の霊魂は安住しない。化粧料は高価なものから安物まであったろう。ミイラの賦香と化粧は、オリエントからギリシアにかけて、遺体にオイントメントを塗ることで広く永年代に及び広まっている。十字架にかけられたキリストの死体を葬る際、

ニコデモも没薬、アロエスの混和物を百斤ばかりたずさえ来る。ここに彼らイエスの死体をとり、ユダヤ人の葬りの習慣に従いて、香物とともに布にて巻けり。（『ヨハネ伝』）

とある。また『マルコ伝』には、

安息日の終りし時、マクダラのマリヤ、ヤコブの母マリヤ及びサロメ行きて、イエスに塗らんとて香物を買い、一週の始めの日、日の出たるころいと早く墓に行く。

と同じ消息を伝えている。貧乏な人たちの寄り合いでも、彼らの葬祭には没薬入りの匂い油を使っていたのである。エジプトからオリエントにかけて、安物の香膏はヒマシ油を主体としたものであったという。それでも貧乏人にはなかなかであったろう。しかし天国へ行く人の化粧料として、貧富の別なく、なくてはならぬものであった。

アラビア人の語る麝香鹿と精力的な麝香——天恵の妙香は一物《いちもつ》から

アラビアを代表する地理学者マスディーはいっている。

チベットとシナの麝《じゃ》香《こう》鹿の棲息する地方は互いにつながっている。しかしチベット・ムスクはシナのムスクより優れている。これは二つの理由からである。

(一) チベットの麝香鹿は匂いの高いナルド（スパイクナルド、甘松香）やその他の芳草を餌としているが、シナの方は雑草を餌としているからである。

(二) チベット人はムスクを膀胱から取り出さないでそのままにしているのに、シナ人は膀胱からぬき出して、血あるいはその他のものを混入している。それから長い間の航海中に風雨にさらされることである。もしシナ人がよく密封したガラス瓶などに入れて、オーマン、ペルシア、イラクなどのイスラム国その他に送っておれば、チベットのものと異なることはないだろう。

最良のムスクは、完全に成熟した麝香鹿から取ったものである。麝香鹿は外見上、すなわち容貌と色合いと角《つの》などはカモシカと同じであるが、ただ象の歯に似た二本の歯が上顎《うわあご》から真直《まっすぐ》に一握りの長さ位突き出ている。チベットとシナでは、この鹿を捕獲するため綱を張り、罠《わな》を仕掛け、網《あみ》をめぐらし、弓矢で捕獲し、その膀胱を採る。膀胱の中に血があるのは、まだ十分に成熟していないからで、新鮮であっても非常に汚れている。最初しばらくは不快な悪臭であるが、空気にふれて悪臭はなくなり、ムスク本来の匂いとなる。

ムスクを得るのは、果物が樹上で完全に熟する直前に取るのと同じである。最も良いムスクは膀胱（ムスク・ポッド）の中で熟したもので、ポッドから取り出さないで、その中で十分に成熟したものである。ところが血液が成熟すると（すなわちポッドの中に生殖腺分泌物が充満する）、鹿は痛痒を覚え、太陽に照らされた岩石の上に身体をこすりつけて、むずがゆい痛みを忘れようとする。その時、ポッド（膀胱）は破れて、岩の上にムスクを逸出することがある。人間の腫物や膿瘡が膿《う》んで破れるのと同じである。膿んだ（成熟した）ポッドの中味が全部逸出すると、新しい血液（腺分泌）が前のように蓄積される。チベット人は岩石の上や山岳の中で鹿が芳草を食べた場所を探し出し、岩石に血がついて乾燥しているムスクを発見する。自然の妙理はこのムスクを鹿の体内で成熟させ、排出されると太陽はこれを乾燥させ、空気はほどよい影響を与えている。チベット人はこうしてできたムスクを採集しているが、これは最上級品であって、彼らは捕獲した鹿の膀胱（ポッド）の中にこれを詰めこんでいる。」

次にアラビア医学者の一人であるイブン・マーサの薬効を聞こう。

発汗を清浄にし、心臓を強くし、気鬱症や無気力性の人に活力（vitality）を与える。他の医薬品と併用すれば、よくそれらの特性を発揮させてくれる。身体の各器官を温める。各器官に塗布するとそれを強壮にし、内服すれば内臓の各部門に同じ効能がある。特にムスクの含有する湿気には催淫剤としての特色があって、丁香油に小量混入して陰茎の先端に塗布摩擦すれば交接の反覆を助け、射精の迅速を促進する。

もうこれ以上に語るところはないだろう。マスディーの説明はいたれりつくせりである。マーサは媚薬として最も肝心な点をうがっている。

最高貴薬である麝香――インド人、シナ人、アラビア人になくてはならない

ムスクはムスク・ディーアの生殖腺分泌物である。この鹿の生息しているところはヒマラヤ山脈の高原、そしてチベット高原から中国の雲南の山岳地帯にかけてで、険阻な山間を敏捷に走っている鹿

の一種である。重大なのは、このような鹿の生殖腺分泌物であるムスクの存在する場所である。牡の一物《いちもつ》であって、牡の彼氏が女性である彼女をおびきよせるための唯一の代物《しろもの》である。ムスクの袋（ポッド）の中に充満しているムスクの小粒、それは大体猟銃の散弾位であるが、袋の小孔からほんの少しずつ逸出して、彼氏は彼女をさそう。強烈な臭くて臭くてたまらない悪臭に近いものを発散し、はるかかなたの遠くからでもわかるという。人間氏は古代からこの微妙な匂いと、絶大な精力的な効能を知って、牡の鹿の一番大切な代物《しろもの》を失敬したのである。牡鹿の生命を絶って、彼の一物《いちもつ》をそっくりもらったのである。ところが思春期に入った牡が、配偶者である牝にどうしても巡り合うことができないと、性的な衝動にたまりかね、山間の岩石の上などに精液を洩らすことがある。その時、かの鹿は同時にムスクの袋から多量のムスクの粒を排泄する。古く中国人はこれを遺麝といって、猟師などがまれに拾うという。なかなかまれな精力絶倫の逸品とされ、高貴薬品中の最高秘薬として珍重されている。

ムスクそのままの匂いは、どうして、決して決して快適ではない。実物を嗅いだら皆さんはぞっとする。臭くて臭くて、鼻の奥まで激しく突き射す匂いである。中国では特殊な鹿の一種だけから取れて、鼻を突き射す強烈な匂いであるから、鹿と射すの二字を合せて「麝」という字を作った。ほんとうにそうである。千分の一、あるいはそれ以上にうすめて、すなわち極めて微量で、初めて微眇幽艶な、粘っこくていつまでも消えない脂粉の香《か》に溢れる精力的な匂いを発する。

この鹿の多く生育している場所から見て、古代のインド人がまずこの妙香を発見したのだろう。サンスクリットの mushka より出たアラビア語 al-misk である。彼ら古代のインド人は、人間のモラルの一つとして性愛の技巧（情事すなわち秘戯）を重要なエチケットとしていたから、彼らにより早く利用された。と同時に中国人は一世紀代から神仙秘薬として絶倫な精力剤として珍重している。中世のアラビア人にとっても、飽くことを知らない絶大な香薬であった。マスディーの叙述は今日でも十分にそうだと言える位である。

では十六世紀にインドに渡来したヨーロッパ人の代表的な見解として、同世紀末のリンスホーテンの記事を紹介しよう。

アルミスカルすなわち麝香は、シナ産の狐もしくは小さな犬に似た小獣から製する。この小獣を殺して、叩いて潰し、肉と血をいっしょにして腐らせる。それから、皮つきのまま肉をぶつ切りにし、一切れ一切れ、皮で肉をくるむようにして小さな袋に丸く縫い合わせる。これを商品として販売し、また輸出するのである。袋はふつう一オンスの重さで、ポルトガル人はこれをパポと呼ぶ。ところが、麝香の本物というのは、この小獣の睾丸で、他のものは、だから、睾丸にくらべれば品質はずっと落ちる。そんなものがともかく麝香として通っているのだが、そこは商売とあればどんな狡猾な手段をも弄するシナ人のこと、くだんの袋をいつも丸く作って小獣の睾丸に似せ、民衆の購買欲をそそってまんまと騙している。

この小獣は驚くべき知恵をそなえている。狩人に追いつめられて、もはや逃げ場がないと見てとると、なんと、おのれの睾丸を嚙み切って、そうれ、これが欲しければ持っていけ――とでもいうように、ぽーんと放り投げる。狩人がそれを拾おうとしてまごまごしている間に、すばやく逃げ失せて生きのびる。そういうことが時たまあるというのである。ところでシナ人だが、彼らは麝香を売らんがために、ずいぶんあくどいことをする。たとえば牛の肝臓を干して潰したのとか、その他まがいものをしこたま混ぜて、しかも麝香と銘うって売りつける。このことは調べてみれば日頃の経験によっていくらでも知られるはずである。麝香が古びて香りが失せてきた場合、睾丸の中身を取り出して、乳鉢でよくすりつぶす。しかるのち、子供ないしは若者の小水《しょうすい》をちょっぴり混ぜて、鉛の壺に入れて密封しておけば、いくらかでも効力が残っているかぎりじきに元に戻る、ということである。

彼の説明を前のマスディーとくらべると、問題にならない。ムスク・ディアーとポッドの説明、ムスクの生成と遺麝など、マスディーの方が真実である。リンスホーテンはインドで、シナ・ムスクの偽物に近いものに接し、またそのような代物《しろもの》を売っている薬種商から話を聞いているようである。それでもヨーロッパ人としては、ましな方であるから、ムスクはインド人、シナ人、アラビア人のものであったといえよう。

リンスホーテンが伝えるアンバルの秘話
——アラビア人からインド人そしてヨーロッパ人へ

一四九八年、バスコ・ダ・ガマのインド到着と、一五一九年から二二年にかけてマゼラン船隊の世界一周の成功は、南欧イベリア半島のポルトガル、スペイン両国民のアフリカ、インド、東アジアと新大陸アメリカ発見航海の大きな転機となって、全世界が新しい時代へ入ったことは人のよく知るところである。そして十六世紀のポルトガルとスペインは、それまで知られなかった新天地の諸情勢を全く独占し、秘密にして他に洩らさず、営々として自国の利益をむさぼることだけにつとめ、ヨーロッパの他の諸国民はこの一世紀間完全に「つんぼ桟敷《さじき》」に置かれていた。

このような時、何にもまして求められるものは、新天地の諸情報を入手することである。特にアジア方面の貿易はポルトガル王室の独占事業として厳重に秘密にされていたから、ポルトガル人以外には全くの未知の土地(テラ・インコグニタ)であった。しかし当時のヨーロッパ人にとって、莫大な利益を与えてくれるものはアジアのスパイス(香薬)である。それは彼らの食生活にとって欠くことのできないものであった。

一五九五年から翌年にかけアムステルダムで出版されたオランダ人、リンスホーテンの、『東方案内記』『ポルトガル人航海誌』『アフリカ・アメリカ地誌』を加えた『イティネラリオ』

の三部は、ヨーロッパ諸国民の渇望をいやす最初の画期的な報告で、新天地諸情勢の克明なすっぱぬきであった。こうしてオランダ人とイギリス人の大航海が展開されたのである。

＊　　＊

さて『東方案内記』の第七十章に竜涎香（アンバル）の記事がある。曰く、

竜涎香の成因については、鯨の泡からできると考える者、いや鯨の糞からできるのだとする者、あるいはまた、海底の泉から湧き出るビテューメンの一種が竜涎香となって浮かび上がるのだ、と言う者などいろいろあって定まらないが、このうち、はじめの二説は信ずるに足りないと思われる。というのは、もしかりに、鯨の泡とか糞からできるとすれば、鯨がどっさり捕獲されるビスケイ湾の水域や沿岸には、さぞやたくさんの竜涎香が発見されてしかるべきなのに、いっこうにそういう話を聞かないからである。これに対して、海底の泉から湧出したビテューメンすなわち瀝青《ベック》が浮かび上がったもの、という第三の説は、竜涎香の発見される場所がほぼ一定しているところから見て、より信頼できそうに思われる。竜涎香がもっとも多く発見される場所といえば、ソファーラ、モザンビーク沿岸およびメリンデすなわちアベス沿岸で、時としてはマルディーヴァ諸島（インド洋）やカボ・デ・コモリーン（インドの南端）付近でも見つかることもあるが、ソファーラやモザンビーク沿岸ほどではない。

ところで、ここにもう一つの説がある。それは、海中に没している島とか砂州あるいは暗礁の表面をおおう、ある種の多孔質の土が、いつしか海水の作用によってだんだんに砕かれ、軽石か何かのように浮上したものがすなわち竜涎香で、ふつう十ないし十二、時には五十ないし六十スパン（一スパンは親指と小指とを張った長さ、普通九インチ）もある大きな断片が浮遊しているのはそのためである、というのである。しかも、論者の確言するところによれば、かつてインディエで、一面に竜涎香でおおわれた小島が発見されたことがあって、発見者の話によると、それを船に積み込もうとして、ふたたびその場所へ取って返したときは、もう島は影も形も見えなかったという。一五五五年に、カボ・デ・コモリーンの近くで三十キンタール（一キンタールは五八・七キロ強）もある大きなものが見つかった。発見者はてっきり瀝青（アスフルト）だと思って、二束三文で売ってしまった。ところがあとで、それがれっきとした竜涎香とわかって、大いにもてはやされたということだ。竜涎香には、貝殻とか、その上に巣をかける海鳥の糞が混じっていることがよくある。灰色を呈して、白い縞《しま》のあるのが上等品とされ、これを灰色竜涎香《アンバル・グレイス》という。真黒なのもあるが灰色のものほどには珍重されない。良品か否かを試すには留針を突き刺してみる。油がじっとり滲み出るようならば、まず上等である。

インディエの国王や大官らは、日常の料理に竜涎香をふんだんに用いる。とくに性欲増強剤としてさかんに使う。かれらはまた、身辺に芳香をただよわせるために、竜涎香、麝香《ムスク》、麝香猫香《シベット》、ベンジュイン（安息香）その他各種の香料を混合して丸め、表面に金銀をちりばめた美しい玉を携える。それからまた、まばゆいばかりに銀細工を施した短刀とか短剣の柄の中にこれらの香料を詰める。この種の細工物を所持することは、インディエにあっては、インディエ人のみならずポルトガル人の金持や権力者の間ではあたりまえのことなのである。

（パルダヌス博士の注）　ラテン語でアンバリウム、アラビア語でアンバルという竜涎香は、リンスホーテンもまさしく指摘しているように、海底の、ある泉から放出された一種の瀝青に違いなく、海で採集される琥珀（バルンステーン）とか珊瑚の類と同様、日に当てるとたちまち硬化する。竜延香はその芳香のゆえに、頭をさわやかにし、心臓を強める。またその乾性のゆえに、胃腸内のあらゆる悪性の過剰水分、不純物、汚物を除く。癲癇（てんかん）に良く、またヒステリー症状を起こして卒倒したときは、これを服用させるか、しもに挿入する。なかんずく、あらゆる冷え症と老人性の疾患に効能がある。

＊　＊

竜涎香（アンバル）は抹香《まっこう》鯨の体内に生じる一種の病的な分泌物で、体外に排出されて海上に浮遊するものを拾うか、あるいは捕獲した抹香鯨の臓腑の中に発見するものである。リンスホーテンがいうように「鯨の泡、鯨の糞、海底の泉から湧き出る一種の瀝青、ある種の多孔質の岩礁」などからできるものでは全くない。この香料は東西を通じて古代には全く知られていない。七、八世紀のアラビア人によって初めてこの妙香が香料の王者として登場し、アラビア人のインド洋発展にともなってその産地も拡大したのであった。だからペルシア、アラビア、東アフリカの沿岸に主として産し、ついでインド洋に及んだ。アラビアのイスラムを中心にアンバルの使用は始まり、彼らによってインド人もアンバルの真価を知るにいたったのである。

十六世紀のヨーロッパ人は、インドで現地人から聞いたのであるが、その先蹤は中世のイスラムであるから「イスラム↓インド↓ヨーロッパ」となっている。だからリンスホーテンの知見は、中世のイスラムの諸説を伝えているにすぎないが、彼の話を通じてイスラムから教わったインド人がどのようにアンバルを珍重していたのかをうかがうことができる。ほほえましい珍談の一つである。

怪奇で神秘なイスラムのアンバル——芳香性、微妙性、安定性、粘着性のある匂いの王者

上品のアンバルの塊を砕くと、必ずイカやタコの嘴（くちばし）がある。嘴は原形のまま上下揃って、イカやタコの体内にあるのと同じ状態のまま残っている。抹香鯨が呑みこんだイカやタコの大群の嘴が、病的な結成物であるアンバルの中に混じて残り消化されていない。それでアンバルの成因は抹香鯨の過食であること、またアンバルの妙香の原因はその餌であるイカやタコの中にあるのだといった学者もある。これとは別に、イカやタコの嘴など、抹香鯨の餌の不消化物の残滓が鯨の胆汁や胃液などと結びついて、ときには糞のような物質と一緒になって結石となるのだという学者もある。イカやタコなどを過食するということから生じる、病的な副産物ではなかろうかというのである。しか

しアンバルは、主として抹香鯨の餌の種類によって生じるものか、あるいは鯨の体内のある分泌物から生じるものか、そして抹香鯨だけに限られるのはなぜだろうか。これらは一括して現在でもまだはっきりしていないのである。

竜涎香を指すアンバルという言葉は、疑うまでもなくアラビア語に発して東西に伝播しているから、七世紀の初めに起ったイスラムと密接なつながりのあることが推測される。しかし彼らがアンバルの最初の発見者であったのだろうか。もしそうでないとすれば、他のどこの民族からアンバルを教わったのだろうか。そしていつごろアンバルを知るようになったのだろうか。これらの諸点について、中世のアラビア人が彼らの発展興隆にともなってアンバルを愛好し、それを東西両洋に広めたのは動かしがたい事実である。といって彼ら学者、航海者、旅行者などの伝えるアンバルの話には、他の近隣の民族から聞いて知ったようなふしが多分にある。だから、アラビア半島南部沿岸のある一部の住民が、アンバルの価値をおぼろげながら認めて——本能的に薬効のあるものとして——使用していたのを、初めてアラビア人が知ったのだろうと考えたい。しかしその最初の住民がどこの人で、いつごろから使い始めたものか、彼らの残した話というものは存在していない。また多分に彼らの話によって生まれたと思われるアラビア人の消息にも、その片影をさえ見出すことができないしだいであるから、これらのことはわからないとするよりほかに方法はない。

それはともかくとして、アラビア人は彼らの最も好ましい匂いであるアンバルを知ると、切ない恋をささやく佳人の体臭はアンバルにほかならないとし、輝く恋人の頬の色はローズの花に似てアンバルの一片のような黒子（ほくろ）があると形容し、吐く息はアンバルの馨香であると賛嘆している。アンバルを焚き、あるいは燃えている蠟燭《ろうそく》の中にアンバルや沈香を投じて、立ちのぼる香の煙の甘くて強く透き通る妙香に耽溺し、ある種の香油の中に混入して身体に塗抹している。また飲食品の中に味つけとして入れ、香味の上からアンバルを賞美している。

例えばハーリヤという一種の香油は、アンバルの匂いを主体として「沈香、竜脳（カンフォル）、サフラン、甘松香（スパイクナルド）、白檀、乳香」などをおのおの適当量混じ、それをローズ水、ジャスミン花の油、あるいはベン油に溶解したものである。この製造方法は複雑怪奇で、製造器具には黄金の乳鉢や硝子の粉砕器を用いるなど、大切な香油であった。そして広く流行していたようで、種類も歴代のカリフ様の御用品や婚姻者の魂とさえいわれるとびきりの高級特殊品から、普通の愛用品まであった。おのおの製法を異にし、種々の秘伝と秘法があって、製作者の個性と技術によって、妙香に大きな差異があったようである。

次にナッドといって、アンバル、ムスク、竜脳を主体として作った乾燥固形体の匂いがある。衣装の中にたたみこんで、衣服を香わしいものとし、焚いて佳香を愛し、胸間にぶらさげて誇り顔であった。前のリンスホーテンの話の中で、インドの国王や大官たちが短刀や短剣の柄の中に詰めこんでいる香料とはこれである。ハーリヤという香油とともに、アンバルが全体の香気を左右する大切な鍵である。それから、リンスホーテンが語るように、日常の飲食品の味つけにアンバルを多く使っている。とくに葡萄と桑の実、その他種々の果実に砂糖を入れ、ローズ水、アンバル、サフラン、ムスクなどで匂いと味をつけ、冷たい水でひやしたシャラバード（シャーベット）は大流行の逸品であったという。
また媚薬としての使用には驚くほどのものがある。まず相愛の男女に、コーヒーにアンバルを混じたものを飲ませて強い刺戟と興奮を与え、沈香、ムスク、アンバルを混じた香油を室内で焚き、あるいはアンバル入りの蠟燭を燈火として、艶麗な匂いに二人を恍惚の境にさそいこむ。そして二人がベッドに入る前、奴隷がムスクとアンバルを主体とした焚香料（インセンス）を焚いて二人の全身を香わしいものとし、それからシャーベットを食べさせ、さらにローズ水を二人の全身に丹念に塗りこめる。こうして二人の大切な性の交わりが行なわれるが、それが終ると、再び二人の全身を前の焚香料で香わしいものとする。だから、口から入れる媚薬と、薫煙すなわち焚くことによるもの、そしてローズ水に混じた重厚な化粧料の塗抹など、閨房の快楽がつくされている。アンバルそのものが持っている匂いの性状は、十分に相愛の二人の目的を果たすのに効果的であったろう。

香料薬品の王者としてアンバルの匂いは、芳香性、微妙性（不思議なほどの匂いのニュアンスがあって神秘的に近い）、安定性（種々の香料薬品に混じて、全体から発する匂いを安定させ、ほどよく全体を結合させ、そして引き立たせる）、粘着性（匂いが重くてねばっこく、いつまでもよい匂いを持続する。すなわち香気を長もちさせる）など、焚香料、化粧料、調味料として重宝された。と同時に絶大な薬品であることはもちろんであったが、ここでは省略する。

二　中国と日本

微眇幽玄の香――それは東洋の匂い

眼もて視《み》るべきにあらず、耳もて聴くべきにあらず、身の触《ふ》るべく、舌の味はふべきにもあらず、たゞ鼻のこれを受けて、其性を知り、其能を悟り、其の弁別取捨を為すに至るを得るもの、これを言辞にはにほひと云ひ、かと云ひ、文字に香《こう》といひ、臭《しゅう》といふ。世界は広大なりといへども、人の「眼・耳・鼻・舌・身・意」に対する「色・声・香・味・触・法」の六に尽《つ》く。にほひは色声の五と共に、全世界を分ちて其六の一を占む。にほひの領域の広大なること知る可し。されど人の始まりてより、人のにほひに心を用ゐる意を致すこと未だ博く深からず、微眇幽玄の境は、大洋の底の如く、極星の下の如く、いたづらに空しく打捨置かれたり。上古以来、人の知識は記され、情感は詠ぜられ、意図は議され、記録となり、詠歌となり、議論となり、載籍乃《すなわ》ち成る。茫々何千年、載籍の多き、たゞに河沙天皇のみならず。しかもにほひにかかるの専書、いくばくか世に存せるぞや。人のにほひを待つこと、嗚呼《ああ》また薄《うす》いかな。おもふに造物の人に賦するに鼻を以てし、鼻に与ふるに面門の主位を以てするもの、豈《あに》にほひの人に薄《うと》んぜらるること是の如くにして而して已《や》むを期するならんや。（送り仮名は原文のまま。ルビは山田）

これは、露伴道人「香談」（「中央公論」昭和十八年一月号）冒頭の書き出しである。「香と臭」に関する書のすくないことは、道人の名言をまつまでもなく事実であろう。道人は明治、大正年間に大成された文豪である。晩年になって「香」に意をとめられ「か、気、かぐ、かをり、こり、かう、かざ、くさし」などの字義から、香と臭について名文を残しておられる。それは香の煙の中に生じる匂いを、鼻で感じ知って、香となり、臭となるものだという。そしてこのような匂いの世界を、道理が奥ふかくてなかなか知りがたい境地のなかに見出すという。さらに道人の一文をあげよう。

雨ふらんと欲して鳴鳩《めいきゅう》日永く、帷《い》（とばり）を下す睡鴨春間なり。是の如きの時に香《こう》を賞す。また楽しからずや。繚繞《りょうじょう》（まつわりめぐって）窮《きわ》まり無くして合して復分《またわか》れ、絲絲《しし》（細くつながるもの）空に浮みて散じて氤氳《いんうん》（いきいき）たり。是の如きの香の烟《けむり》のさま、観《み》るもまた愛すべからずや。薄く散ず春の江《こう》の霧、軽く飛ぶ暁《あかつき》の峡《はざま》の雲、是の如くに香の態を看取《かんしゅ》す。また悦ばしからずや。去つて着くところ無く、来るも従《よ》るところ無し。是の如くに香の性を解く。また玄趣（至妙の理を知る）の人をして莞爾《かんじ》（にっこり）たらしむる無からずや。几《き》（つくえ）に隠《よ》りて香一《いっ》炷《しゅ》す。霊台（心）は虚明（天空）を湛《たた》ふ。是の如くに香の徳を言ふ。これも亦可ならずや。

（送り仮名は原文のまま。ルビと字句の注、傍線は山田）（一色利厚『香書』昭和十六年、題辞）

道人は香を焚いて発する一縷《いちる》の煙のなかに匂いを知り、そのすがた（態）を雲煙と見てとり、その性（本質）を至妙の理とさとり、その徳を広大無辺な心に通じるものとした。そして香の煙の匂いに「楽と愛と悦」を見出している。

なんだかわかったようで、わからないところがあるという人もあろう。

このように香の匂いを聞いて知るのは、現代以前の昔の匂いで、唐《から》・天竺《てんじく》（インド）と日本を通じ、特に中国を中心とする東アジアの香の使用が、沈香《じんこう》という香木を焚いて匂いを楽しみ、「香すなわち沈《じん》」であるとしていたからである。邪を避けて穢《けが》れを去り、清澄優雅で清婉《せいえん》（しとやかでなまめかしく）、醞藉《うんしゃ》（おくゆかしく）豊美でありながら、鼻の奥まで突き通すような微妙な匂いを内に蔵している香木である。それは熱帯アジアの天然自然の密林《ジャングル》の中から、極めて稀に得られるもので、人間の知恵や技巧で作られるものではない。その匂いは、幽雅で道理の極致をつくしている。だから鼻を通じて、心の奥で悟るところのものである。匂いを聞きそして嗅《か》ぐことから、知ることであり、広大無辺な至妙の理に到達するものであるという。

微眇幽玄の香こそ東洋の匂いであるというのである。

沈香木に終始の中国——自然と風土の妙理が生む

古来、中国人は「香《こう》」といえば沈香木を焚《た》くことだけを意味して、化粧料(cosmetics)も調味料(spices)も、彼らにとって「香」ではなかった。「香すなわち沈」で一貫したのが、彼らの匂いの世界である。ではどうして、彼らは沈香木だけの微妙清楚な匂いに終始したのだろうか。

沈香木はインドや東南アジアのジャングルの中に極めてまれに見出す樹木で、老木の枝幹の木質の小部分に、極めてまれに沈香と称する樹脂分が緻密《ちみつ》に沈着凝集している香木である。これを焚けば、樹脂分の凝集の度合いによって、香気は清遠、清澄、清淑、醞藉《うんしゃ》(おくゆかしい)、清艶《せいえん》(なまめかしい)、それから腥烈(なまぐさく)、焦烈(こげくさい)——などと表現されるように、微眇《びびょう》な(微妙、簡単には言い表わせない)匂いのニューアンス(ごくわずかでありながら、相当に違う感じ)を生じる。昔の日本人は「沈水(沈香木)ひとくさ(一種)の匂いの深さ浅さ」といっているが、沈香木一種だけの香気の色色の様相、すなわち姿《すがた》である。肝心なのは、沈香木自体から生まれる妙香である。

沈香木を焚けば、香気は寂然《せきぜん》(きびしく静かに)として鼻にせまつてくる。それは木でなく、空でなく、煙でなく、火でも無い。去つて着くところが無く、来るも従《よ》るところが無い。

と香の性を解するかと思えば、

　沈香木は世間で得がたい奇材であるから、これを焚けば、瑞気（めでたい雲）は盛んに立ちこめ、祥雲（めでたいしるし）はまつはりめぐつて、上は天に通じ、宮門の下は幽冥《いうめい》（あの世）にまでとどく。

という。これを焚けば、人の心と魂を正しうし、その匂いは邪《じゃ》をさけ穢《けが》れを去る。熱帯の天然自然の中から極めてまれに生まれるのであるが、奥ゆかしく優雅で、なんとも形容することのできないキャラクターがある。自然の密林から生まれたものであっても、人間世界の理（すじみち）の極致をきわめている。そして知る（さとる）ことを兼ね備えている。

　といっても、わかったようでわからないところがあろう。とにかく優雅この上もなく、淡々としている。自然が生んだ匂いであるが、道理の極致をつくし、他の種々の香料の匂いとは較べものにならない風格がある。単純な一種の沈香木の発する匂いを、人間の理性の篩《ふるい》にかけ、それによって聞き、そして知ることのできる香である。蜜の甘さ、花の華麗さ、舌のとろけるようなスウィート（sweet）なものではない。はなはだもって奥の深い、清く澄んだ匂いであるが、鼻の奥まで突き射す強力な渋い（bitter）ものである。鼻のしびれるものである。

　ところが中国の文人は、

愛する彼女とこまやかに甘い愛をささやくとき、沈香木を焚けば、愛情の炎《ほのお》は一段と燃えさかる。

と、どこかに助情の気（匂い）をはらんでいるのを喝破している。混沌《こんとん》（見わけがつかないで、ふらふらする）の気をはらみ、鼻をしびれさせ、その奥底に紅袖《こうしゅう》（くれないのそで）の気をはらむものがあるという。しかしこの場合のナマメクは、動物的な本能のままに動くものではない。洗練された人間のセックスである。極めてシビアー（severe）である。生地のむき出しではない。

熱帯アジアの自然と風土の妙理が生み出した沈香木は、人間が作ったものではない。その匂いは清遠で、夢幻の境地に人の心をさそいこむ。しかしどこかに紅袖の気をはらんで、人間臭いなにものかを訴えている。一見したところ、極めて人間離れのした高踏的な匂いのようであっても、厳として人間性の本然に通じている。忘れてはいない。そしてこの本然の姿は、ある時代と社会に生きる人間の理性の篩にかけて感じられ、知られ、理解されるものである。その微眇な匂いは、現実の人間生活から遊離した存在のようであっても、洗練された人間性の本然に訴えてやまないものを奥底にはらんでいる。「幽玄の香《こう》」でなくてなんであろう。

（沈香木の匂いは筆舌ではつくしがたい。この匂いの説明には、私の方がむしろフラフラである。限られた短文では意をつくせない。迷文《めいぶん》だといわれてもしかたがない）

私がある年の秋、明るく澄んだある日、京都の桂離宮を見たときのことである。どの部屋であったのか記憶していないが、小さい畳敷きの部屋の小窓から、ふと外の庭を眺めたとき、私の目に映じた小景は、フランスの後期印象派の画家ルノアールの描いた、鮮麗な色彩の対比による潑剌とした感覚そのものであった。樹木と芝生と落葉が描き出す多彩な色彩のハーモニーの中に、明るく鮮麗な生命が溢れている。普通にいうところの「わび」や「さび」ではなくて、「あざやかさ」そのものである。多くの人はあの離宮を「わび」と「さび」の結晶であって、幽玄の極致だという。しかし私はその極致の中に、あでやかな、あざやかな、そして今もなお脈々として生きている「なまめかしさ」を直感する。幽玄はナマではない。ナマメクである。ストレートではない。抑制のあるエロチシズムである。抑えられ、洗練されたものである。

幽玄の匂いは香木の焚き方から初めて生まれる——匂いの味わいを知る

幽玄の匂いを蔵しているという沈香木の匂いは、どうすれば良く聞きそして知ることができるのだろうか。古く「沈香木一種を焚く時は、火の気を見せてはならない」とある。一体どんなことだろう。香を焚くことは、火熱を加えることである。この場合、燃焼させるのであるから当然に煙は出る。香の煙である。この香の煙の中から、あるいは煙とともに香気を感じるのであるから、煙気すなわち煙臭さはどうしてもさけられない。もしこの煙臭さを取り除いて、香木本来の樹脂分の匂いだけを感知することができるようになれば、焚き方の方法、すなわち火熱の及ぼし方は満点に近かろう。しかし沈香木は、木質の一小部分に樹脂分が緻密に沈着凝集しているのであるから、単純に火の上で焚くのでは、木質本来の煙臭さはさけられない。また樹脂分自体の焦《こ》げ臭さもつきまとう。そこで焚き方の方法に工夫をこらすようになった。中国・宋代の書はいう。

香を焚くとき、火の上に銀葉あるいは雲母片を置くが、これは盤（さら）の形に作ってある。香をその上にのせると、火熱は間接に香木に及ぶから、自然にゆっくりとのびのびして、煙も立たず焦げ臭さも出てこない。

香炉の中の火の上に銀葉あるいは雲母片――これを隔火あるいは香敷《こうじき》という――をしいて、その上に香木を置く。すると火熱は間接にそして徐々に香木に及ぶから、樹脂分は焦げることがなく、木質の煙臭さも発しないから、ほんとうに香木本来の匂いだけを嗅《か》ぐことができる。平易に言えば、沈香木を蒸焼《むしやき》にし、木質と樹脂分の煙臭さを出させないで、香木の匂いの妙味だけを発揮させようというのである。今から見れば、なんでもないことである。しかし隔火を使用して純粋の香木の匂いだけを出させるというのは、焚香（incense）の方法技術としては革命的なものであった。だから、

沈香木を焚くのは、味《あじ》わいすなわち匂いを取ることで、煙を出させることではない。もし香の煙がはげしいと、香味は漫然とし、しばらくしてなくなってしまう。味わいを取れば、かすかに

馥郁《ふくいく》として久しく散じない。それには隔火を使わなければならない。

のである。

香の発する匂いは多種多様、艶麗華美、清楚幽雅であっても、

酸（すっぱい）、羶（くさい）、苦（にがい）、焦（こげくさい）、甘（あまい）、香（こうばしい）、辛（からい）、腥（なまぐさい）、鹹（しおからい）、朽（くちくさい）

の各々に分類することができ、さらに幽艶、助情など複雑多岐、広大深遠である。このような万象の匂いの種々の姿と美を、一木の沈香の清楚な匂いの中に見出そうというのである。清楚幽玄な一木の匂いであっても、その中には無限な匂いの種々の相を内蔵しているものと観じる。そして人間の理性と経験の篩にかけて、千差万別である種々の香料の中から沈香木一種だけを代表として取りあげ、この単純な一木の妙香を通じて、三千大世界の匂いの種々の姿を見出し、知り、そして感じ取ろうとするのである。まことに高踏的な香に対する観賞態度でありながら、厳として人間性の本然に脈々として生きているものを見失っていない。これは沈香木という特殊な香木の存在していることと、香木の匂いを十分に発露させる焚き方の方法と技術があってこそ、初めて可能とされるのである。このようにして沈香木だけを焚いて匂いを楽しむことが行なわれ、「沈すなわち香」であった。

沈香木の至宝である伽藍香と奇南香の出現——占城《チャンパ》（ベトナム）の一山だけから

一一六七（乾道三）年にベトナムの占城から進貢された乳香、象牙、各種の沈香などの中に「伽南木」という香がある。そして宋末から元初にかけて編された陳敬の『香譜』に「迦闌香」がある。曰く、

あるいは伽藍木ともいう。この香は本来迦闌国から出たのであるが、占城の沈香木の一種である。あるいは南海の補陀巌から出るともいう。けだし香木中の至宝（非常に大切な宝）であって、その値いは金とひとしい。

迦闌香が迦闌国から出るというのは、編者が品名から想像した仮定の国名にすぎない。有名品の産出国名をその品名にかけることは、古くからよく想定されていることである。次に占城から出る沈香木の一種で、ある人は補陀巌から出るというとある。この地名は占城の属国で賓瞳竜すなわちパーンドゥランガ（Fandaran）である。十二世紀の後半から十三世紀にかけて、沈香木中の至宝として占城の迦闌香（伽藍木、伽南木）という香木が中国人に知られ、その値段は金と等しかったという。ではこの香名が、それから以後どのように称され、そして解釈されたのだろうか。一覧して見よう。

書名	年代	産地	品名
汪大淵『島夷志略』	十四世紀半ば	賓瞳竜	茄藍木
馬歓『瀛涯勝覧』	一四一六年	占城	伽藍香
鞏珍《きょうちん》『西洋番国志』	一四三四年	占城	茄藍香
費信『星槎勝覧』	一四三六年	賓瞳竜	棋楠香
黄衷『海語』	一五三七年	南海の諸山	伽南香
鄭暁『皇民四夷考』	一五六四年	占城	伽南香
厳従簡『殊域周咨録』	一五七四年	占城	奇南香
張燮《ちょうしょう》『東西洋考』	一六一八年	占城	奇楠香

このように品名は、

伽南木——迦闌香——伽監木または香——伽南香——奇（または棋）南（または楠）香

と一連の繋がりのある名称である。そしてこの香木は、

　占城の一地方である賓瞳竜の一大山だけに産し、天下広しと雖も他には決してない。酋長は人を派遣して一般人の採取を厳禁している。犯す者はその手を切断する。価《あたい》は甚だ高く銀と等しい。

といわれている。後代であるが十六世紀初めのポルトガル人、トメ・ピレスが、

占城の商品のうち主なものはカランバックである。これは真物《ほんもの》の沈香で、同種の中では最良のものである。――カランバックは、普通の沈香とは、その匂いと風味と芳香において大きな差があり、その価値において黄金と鉛ほども違う。占城にはこのカランバックの最良のものがあり、また占城はその原産地である。――マラッカでは二アラテルにつき六あるいは七クルサドの値であるが、十二クルサドのものもある。

といっているのは真実である。

この香木は漆黒で光沢があり、黒色の潤沢な、あたかも糖蜜が凝集したようであるから、十六世紀の中国人は、その成因を次のように解釈している。

香木の枝はなくなり木立《こだち》は枯れても、本《もと》のあるものは木質が温いから大蟻が穴をあけて巣を作る。蟻は石蜜を食べて巣に帰り蜜分を木の中に残すが、数年たつと漸次浸漬し、木は蜜気を受け結して堅潤となり、いわゆる香木となる。

すなわち蟻が食べた蜜分が、枯乾した老木の木質内に緻密に沈着凝集したものであるという。そして、

生結→糖結→虎斑結→金絲結

などの順に香木を区別し、香気はすこぶる清遠で他にくらべるものがないのであるが、薬用としては余り価値がないから、本草博物の書には記載されていないという。事実そのとおりで、要するに香木として絶妙なものであり、この価値を十分に認めたのは中国人であった。

伽藍(伽羅)香と奇南香の語源——原産地で香木の取引から生まれる

この二つの語源を早くJ・クロフォード(一八五六年)はマレイ、ジャワ語の kalambak, kalambah に求め、奇南はチャンパの土語 kinam であるとし、一般の人びとはそう考えてなんの疑いも投じていない。

ただ一人、故杉本直治郎教授は一九五六年に新しい解釈を下した。すなわち日本では中国の伽藍を伽羅といっているが、これは梵語の黒の翻訳で、中国人の黒沈香である。そして伽羅すなわち黒(kā-la)の下には木があって、伽羅木が省略されたのであった。この伽藍木は梵語の黒に木をつけた梵漢合成語で、宋末から元初にかけて中国で作られ、それが南方に伝わったものである。南海の各地では梵語の黒は kĕlam, kalam, k-lam となってマレイ系の言葉に取り入れられている。また木は北京音は mu であるが、広東、福建音は muk で、muk は buk, bak となる。すると中国語の伽藍木 kalam-mu (muk) は南方で kalambak に転じ得る筈である。それから奇南香の奇南 kinam は、伽藍の伽 ka が奇 ki に転じ、藍 lam は南 nam に転じることから由来したものである。すなわち特殊な名香木の産地である占城で、梵漢合成語である中国語の伽藍木が kalambak と称され、この語尾の bak を省略した kalam から kinam という語が生まれて、それが中国へ再輸入されて奇南となった。伽南という語は kalam から kinam となる中間の過程を示すものである。

杉本教授の考え方は伽藍木という名が東西を通じ、中国で最初に記録されていることから見れば妥当であるといえるだろう。中世以後のイスラム系旅行者や識者が、南アジアの香料薬品、とくに沈香木について種々の話を残していても、kalambak という香名は十六世紀末になってからである。また十六、七世紀のヨーロッパ人は calamba, calambac, calambuco, calampat, calembic などと称しているが、どれもチャンパ方面で聞いた音である。そして西方の人たちの kalambak に関する記述は十六世紀以前にはない。

ではどういうわけで、伽藍木という語が、梵漢合成語として中国で生まれたかということが問題である。杉本教授は kalambak がマレイ、ジャワ語本来のものではなく、またチャム語でもないことを詳しく説き、中国語からの借用以外に考えられないことを説いている。ではどうして中国で、この語が生まれたのだろう。それについては、宋代の中国人が堅黒の沈香木を最優品と見なしていたことから論及されているだけである。

そこで私は考えた。この言葉は中国で発生したものではなくて、チャンパに名香木を求めるため渡来してきた中国人が、特に黒色の沈香木を強く求めたから、彼ら中国人と黒色の香木を提供するチャンパ人との間に、現地で発生した取引上の用語、すなわち商品名であったというのである。宋代の中国では、堅黒で重いのが良品の沈香であるとし、烏文木《うもんぼく》（黒檀の異名）の色沢で堅格なのが最高だという。堅黒あるいは烏文木のような色沢とは、樹脂分の沈着凝集度が完全なまで潤沢、すなわち十分であることを意味しているから、沈香木の優良品は黒色の潤沢な木、すなわち「黒い木」である。それから「幽玄の匂いは香木の焚き方から」で記しているように、宋代に入って香木の焚き方に隔火を用いるようになり、香木本来の匂いだけを聞き得るようになってきた。こうして沈香木の匂いのほんとうの味わいを、精細に知るようになったのである。また中国人の沈香を中心とする香の使用は黄金時代に入り、海北、海南島、南海諸国の種々の沈香木の最大需要者は彼らであった。そして樹脂分の凝集度の最も高い、黒色の潤沢な香木が特に強く求められたのである。

このような中国本土の要請に応じて、最も名香を出すというチャンパやカンボジア方面に渡来した中国商人は、現地の人に「黒い木、黒い木」といって、優秀な沈香木を求めたにちがいなかろう。「黒い沈香」を求める中国人と現地人との間に、黒い木すなわち kalambak という取引上の用語が生まれたのである。これは現地人自体の間に、早くからあった土語ではない。また中国本土で生じた梵漢合成語でもない。現地で特殊な香木を求める中国人と現地人との間で、黒い kalam と中国人の木 bak とを合わせて kalambak となったのである。そしてまたこれは彼らの間で kalam, kinam とも略称された。だから中国人は、これらの現地で生まれた言葉に伽藍木、伽南木、奇南木などとあて字をしたのである。

私は宋代の沈香流行の飛躍的な発展が背景となって、宋末から元初にかけて、チャンパの特定の山中から出る黒色の潤沢な香木を、現地で kalambak というようになったと考えたい。それは中国の読書人たちが、机上で梵漢合成語として考案したものではない。原産地で香木の取引上の用語として、中国人とチャンパ人との間に新しく生まれたものである。ジャワから来たイスラム商人、あるいは現地のイスラムも、皆チャンパでこの香名を聞きそして知ったのであった。これを要するに、宋代の沈香を中心とする焚香の流行が発見した香木中の最優秀品であった。と同時に、香木の匂いは、伽藍木（伽羅）あるいは奇南香によって絶妙の境地を開いたのである。

食生活に特異な辛さ——中国人の調味料は本来、薬味である

十六世紀末、明の李時珍の『本草綱目』二六は葷辛《くんしん》類三十二種をあげている。葷とは味の辛い菜および匂いの臭いもので、鳥獣魚などの生臭《なま》いもの、漬け物、酒の醸造、精進料理などに辛さと臭さ、すなわち特異な刺戟と味と匂いすなわち香と臭を加味して、食膳の飲食品を快適にするものである。中国人は葷辛類の代表を五辛といっているが、

常に食すれば、身体を温め、寒さを防ぎ、邪気と瘴《しょう》（悪気、毒気）を去り、食滞（くいもたれ）を消し、虫（回虫）をおさえて気を下す。多く食えば、気を消耗し、津液（つば）を涸乾し、気を逆上し、熱を生じ、瘡瘍《そうよう》（ふきでもの）を発し、目をくらく（めまい）す。すこし食うのがよろしい。

という。五辛は時代によって異なっているが、大体は次のようである。

韮（にら）、大蒜（にんにく）、辣韮（らっきょう）、葱（ねぎ）、薑（はじかみ）

こうして彼ら中国人は、古くから彼らの生活の根本である食生活に、特異な辛さを求めていたのであるが、このような葷辛類に対して、古くから椒《しょう》と薑《きょう》を辛味の代表としている。ついで甘味と薬臭と刺戟を持つ桂《けい》が、薑とならび称されている。また菜類では芥《からし》と胡荽《こすい》、果実では杏仁《きょうにん》、茴香《ういきょう》など、薬臭い刺戟のあるものが用いられている。だから中国人の調味料は、本来の香辛料（スパイス）というより、むしろ「薬味」であるというのが妥当である。

彼らは薬物を上・中・下の三つにわけ、

△上薬は、命《いのち》を養って天に応じ、精力を充実し不老長寿をはかる神仙薬。
△中薬は、生を養って人に応じ、あらゆる疾病を予防し、精力を増す強精薬。
△下薬は、治病を主として地に応じ、肉体上の障害を除く応急薬。

であるという。だから薬物本来の目的は、不老長寿であり、そのための強精薬で栄養剤でなければならない。この薬物の中で、身体を温めて病気を除き、特異な辛辣さと臭さと味で、食欲を増進するものが五辛と五葷であるから、それは薬味である。あくまでも彼らの信じている薬物本来の不老長寿と生命の充実を計るものだから、一種特有な薬臭さと粘っこさがある。

古く前漢の司馬相如の賦《ふ》（古代の詩の一体）に「芍薬《しゃくやく》の和そなわりて、しかる後にこれを進む」とある。この語句の解釈について、

(イ) 芍薬(牡丹に似た香草)で食物を調味すること。
(ロ) 木蘭や桂皮で調味すること。
(ハ) 五味の和、すなわち色々な薬味で味つけをすること。

の三つがあるが、この芍薬の和は調味一般を意味している。

古くから彼らのいう味の分類は、

鹹(しおからい)、苦(にがい)、酸(すっぱい)、辛(からい)、甘(あまい)

の五つであって、特に「薑と椒」は辛味の代表とされていた。それから後で桂《けい》が甘味と辛味の代表の一つとして用いられているが、本来の肉桂《にっけい》は「百薬の長」すなわちいわゆる薬物の王者とされている。そして前漢の武帝以後は西域(シルク・ロード)系の植物が将来され、六世紀前半の『斉民《せいみん》要術』は、

○薑、葱、蒜、蘇(しそ)。根か葉を用いる。
○芥、椒(さんしょう類)、胡椒(ペッパー)、長胡椒、胡荽(コエンドロ)、胡芹。種子を用いる。
○橘皮、木蘭。皮を用いる。

を薬味としてあげている。中国人独自の香味であり薬味である。彼らはこれを食膳に広く用いながら、薬物の一つとして認め、香《こう》すなわち沈香木を中心とする焚香料とは全く別の物としている。中近世のヨーロッパ人のスパイスとは全く異なっている。

天の都・杭州の食生活と胡椒大輸入時代の到来

十三世紀後半の世界的大旅行家マルコ・ポーロ（一二五四—一三二四年）は、当時人口一五〇万を数えた中シナの大都市・杭州を「天の都 The City of Heaven」といって、その繁華なこと、特に歓楽生活と食生活の贅沢なことを詳しく語っている。彼は杭州の生鮮食料品マーケットについて、特筆大書して、市街の区域内には広場（坊、都城制の一区画）が十あり、週に三回、各広場には四万から五万の人びとが集まってくる。およそ食料で欲しいものはなんでもある。例えばここに集まる莫大な魚の量を見ると、これが残らず売れてしまうとは考えられない。しかし二、三時間のうちにきれいに売りつくされてしまう。これは一度の食事に、魚も肉も食べる贅沢三昧の生活をしている人が、非常に多いからだという。また、

この都のおびただしい群集を見ると、これだけの人間が十分に食べてゆくだけの食料があるとは、どうしても考えられない。しかしマーケットが開かれるたびに十の広場はどこも、荷車や舟に食料を積みこんだ市民や商人で一杯になる。そして一つ残らず売りつくされてしまう。ここで売買される大量の食料、肉、スパイスそのほか色々のものの中から、一つ例を取ると、私、マルコが大汗《たいかん》の収税官から聞いたのであるが、杭州の街《まち》では毎日、胡椒が四三荷《か》も消費されていると

いうことである。一荷は二二三ポンドの重さである。

いま仮に杭州一都市の胡椒の消費量を、彼のいうとおりで計算すれば、一日四三荷では約九五〇〇ポンド、一年を三六〇日として年約一五〇〇トンという巨大な量になる。ただしマーケットは週に三日開かれているから、年約五〇週とすれば、約六三〇トンとなる。彼は杭州毎日の消費量というが、どうもこれは杭州胡椒マーケットの一日の取扱い高と見る方が妥当のようである。それにしても後代の中国全土の胡椒消費量から見て、「百万のマルコ様 Marco Polo, Il Milione」の大ボラとしか受けとれない。

ところが彼は、西のアレクサンドリアと相対して世界の二大貿易港の一つである泉州で、

　全ヨーロッパの需要を満たすために、アレクサンドリアへ一隻の船が胡椒を積んで行くならば、泉州へはその百倍も輸入される。

といっている。とにかく十三世紀の末ごろ、中国の胡椒消費量は全ヨーロッパより多かったのだろう。いや、はるかにしのいでいた。その事実を、彼は一流の「百万」でいったのではなかろうか。

＊　　＊

古いことは問わないとして、中国の胡椒大消費の時代、すなわち大輸入はいつから始まったのだろうか。一二二五年に編された趙汝适《ちょうじょかつ》という泉州税関長の『諸蕃志』に、初めてしかも突然、ジャワ胡椒の明確で詳細すぎる記事がのせられている。こうである。

◎胡椒はジャワのスキタン（中部）、トウバン（東部）、パジャジャラン（西部）、ジャンガラ（東部）に出る。ジャワの隣のスンダ（西部）国品を上とし、トウバンはこれに次ぐ。胡椒は町つづきの田園と村落に生育する。蔓は中国の葡萄のようで、住民は竹や木をもって棚を作り、栽培している。正月に開花し、四月に結実する。花は鳳尾のようで、色は青紫である。五月に実を採り、太陽にさらして乾燥させ、倉庫に納める。翌年、倉庫から出し、牛車に積んで市場へ運ぶ。その実は太陽に余り強くないが、雨には十分耐える。だから旱天だと収穫は少なく、雨量が多いと収穫は平年の倍に達する。
◎スンダ国では山地に胡椒を出す。粒は小さくて重く、トウバン品にまさる。
◎スキタンの物産はジャワと同じである。胡椒を最も多く産し、年間の気候が良くて豊作だと、外国貿易用の銀二十五両で十包ないし二十包買える。一包は五十升である。気候が悪くて十分にみのらない不作の年は、その半分しか買えない。胡椒を採集する人は辛辣な香気になやまされ、ほとんど頭痛を病んでいるから、中国の川芎《せんきゅう》を服用している。
◎ジャワの胡椒はほとんど東部に集散され、これを買うと貿易船の利益は五倍に達する。それでしばしば中国の禁制をやぶり、密かに銅銭を積んで出かけ、交易している。ために中国の当局は度々この地方への渡海を禁止しているが、商人は行先地をスキタンとすり変えて出かけている。

宋代は香料薬品を中心とする南海貿易の最も盛大な時代で、宋政府の収入源は茶、塩、明礬《めようばん》についで輸入の香料薬品であったという。だから輸入品は香薬を中心に珠玉、象牙、犀角その他で、これに対し輸出品は金、銀、銅銭、絹、綾、陶磁器、漆器などが主であった。中でも銅銭の輸出は目立っている。中国では唐以前はもちろん、宋代でも通貨は銅銭を主としていた。ところが銅銭の海外流出は既に唐代から盛んで、八世紀初めには銅銭を外国貿易に使用することを禁じ、銀、銅、奴婢《ぬひ》の輸出を許可しないと命令している。しかし禁令はほとんど空文に終って、銅銭の海外流出は依然としてつづいている。例えばわが国に渡航しようとした鑑真和上は、二万五〇〇〇貫の銅銭を持って行こうとしたほどである。だから九世紀の唐末には遠くペルシア湾方面まで、中国の銅銭が広まっている。

この傾向は宋、元代から明代にかけていちじるしくなり、銅銭はなお一層海外へ流出した。十五世紀の初めに南海諸国を数回旅行した馬歓《ばかん》は、ジャワで外国貿易取引の通貨はすべて中国の銅銭を使っていると報告し、スマトラのパレンバン地方もまた同じであるという。マレイ半島のシンガポール附近、インド南部のマラバル海岸、遠く東アフリカのザンジバルなどから宋代の銅銭が出土している。『宋史』に銅銭は中国の通貨であるが、全世界に通用しているというのは、あながち誇張ばかりではない。宋政府は毎年多額の銅銭を鋳造したが、海外への流出が多く、ついに銅銭飢饉を出現させたほどであった。

ところで『諸蕃志』はスンダをふくむジャワ島だけを胡椒の産地とし、他の諸国、例えばインド南部の胡椒については全く沈黙して語っていない。そして最初の産出地についての報告としては、余りに詳しく適切でありすぎる。中国大都市の消費生活、特に食生活が贅沢となり、飲食品の内容が前代とは全く変化して、胡椒に対する需要が急激に増大したためであろうとしか考えられない。

それから中国銅銭の異常な密輸出の突然の増大が、東ジャワからの胡椒の大輸入と密接な繋がりがあったことなど、当時深刻な問題が生まれたから、貿易取締りの役人である趙汝适の注意を引いたのだろう。また関係諸役人の憂慮する、重要問題の一つであったろう。この場合、東ジャワの胡椒輸入を目的とする渡海だけを、当局が度々禁止したのはなぜであろうか。ジャワ島の諸物産はほとんど東ジャワに集散して取引され、ここは中国人にとってスマトラのパレンバンに次ぐ大貿易地であった。中国船のジャワ島への貿易は、この地方を中心として行われていた。胡椒などは、最大の産出地である中部のスキタンで買付けするより、全ジャワの集散地である東ジャワで買付けをする方が有利であったのだろう。だから胡椒の買付けを目的とする中国船、あるいは中国へ胡椒を運送しようとする外国船は、ほとんど東ジャワへ渡海することになる。従って胡椒買付けのために必要な中国の銅銭は、ほとんどこの地方へ流出することになる。このような情勢に対し、一時的な措置として、この地方への中国船の渡海を禁止するという手段を取らねばならなくなったのだろう。あるいはそれまで想像もできなかった莫大な量の銅銭の流出が、東ジャワからの胡椒の輸入急増によって生じたため、当局は狼狽してこのような措置を講じたのであろう。

とにかく問題の根本は、中国における胡椒大消費という現象が、一二二〇年代に急に出現したことである。そして供給地は東ジャワを中心とし、貿易商人の利益は仕入れ値の五倍以上に達し、商人はこの地方に密集したのであった。中国における胡椒大輸入時代の到来でなくてなんであろう。

自然にはめ込み表現——日本の匂いを発見する

九世紀から十三世紀にかけて、わが王朝の宮廷人たちは、沈香木を中心に種々の香料と薬物を配剤調合し、蜜とアマズラや梅肉などでねりかためた薫物《くんぶつ》（たきもの）を焚いて、妙香に親しんでいた。今日でも「梅が香《か》」などといって愛用されている、固形の煉《ね》りものの香《こう》の初めである。

この薫物の香気を、

◎春は梅花《ばいか》＝梅の花の匂いに似ている。
◎夏は荷葉《かよう》＝蓮の花の匂いに通じる。
◎秋は落葉＝ほに出てまねくすすきの姿をおぼえる匂い。
◎冬は菊花＝露にかおり水にうつす香《か》。長生久視（長命）の匂い。
◎黒方《くろほう》＝四季を通じ常に深く心に感じ、心を引かれて離れがたい匂い。

五行	時	方角	色	薫物
木	春	東	青	梅花＝はなやかな
火	夏	南	赤	荷葉＝すずしい
土	四季	中央	黄	黒方＝なつかしい
金	秋	西	白	落葉＝ものあわれ
水	冬	北	黒	菊花＝身にしみわたる

として、別に、

◎侍従＝秋風が蕭颯《しょうさつ》と（ものさびしく）吹くとき、昔を思い出す匂い。

を加えて六つとしている。

原料である香料と薬品は、ほとんど中国すなわち海外から将来され、これを本《もと》として作った薫物であっても、その匂いは、私たちの生活している自然の移り変りである四季と山川草木からであるとしている。「春、夏、秋、冬」と一年を通じる「中」の五つの要素を中心とする中国の、五行説によっている。すなわち「木、火、土、金、水」の五つが互いに組み合わさり循環して、天地自然と人間の生活が構成されているという。だから私たちが感じ聞きそして知る匂いを、この五つのカテゴリー（範疇《はんちゅう》 kategorie）にはめこんだのである。（前掲表を見られたい）

しかし大陸中国の北部、黄河中流の中国人の生活環境と、京都を中心とする近畿では、四季の変化に相当のちがいがある。特にわが国では、春と夏より、初秋から中秋、深みゆく秋から初冬にかけて心をひかれるものが多いから、秋に「昔を思い出す侍従の匂い」を一つ加えて六種（むくさ）の薫物の匂いとした。

焼香供養という仏教中心の匂いから一応解放され、匂いを人間生活の中の娯楽の一つとした。仏陀の香の匂いから人間の匂いへ、である。ところがである。この人間としての匂いを聞き感じることを、人間の生《なま》の情感で直接に感じ取り、そして表現しようとしていない。万象《ばんしょう》（さまざま）の匂いを、四季の変化と山川草木の中にはめこんでしまい、それらを通じて匂いを感じ、聞き知ろうとする。それも淡い四季の草花や、山川草木の感覚を通じてである。外国の香料薬品を原料として使いながら、この匂いを日本の自然と風土にはめこんでしまい、その中から匂いを知るという間接的なものである。「匂い→自然の風土→人間」という繫がりである。人間生活の直接的な表現、例えば喜怒、愛憎、苦楽、好楽など、私たちの生活本来のものと直接つながる表現ではなかった。

だから人間が香料を使用して、人間生活そのままの情感を、直接にまた豊かに表現しようとした古代ギリシア人の流れをくむヨーロッパ人の、香料とその匂いに対する考え方とは根本的に異なっている。例えばローズの花の匂いは、純情な愛のシンボル（象徴）であっても、そこには若い男女の強烈な、中年のみずみずしい人たちの、老いてなお盛んな――などなど、人間生活の情愛をめぐるあらゆるニューアンスを生《なま》に表現し訴えている。ローズの花の色と姿を通じてではない。花の匂いそのものである。

四季の姿と移り変り、そこに生育する草木を通じて匂いを聞きそして知ることは、たしかに日本的といわれるものの発見と知覚であろう。このような間接的なものの表現は、現在の私たちの日常生活の中にも脈々として流れ生きている。昔のことだけとはいえないのである。

香木の匂いを五つの味にわける――微妙な匂いの世界はすっぱさから

わが国では、九世紀に始まる薫物《くんぶつ》（たきもの）を焚くとともに、十四世紀のころから種々の香料の中で、沈香木一種（ひとくさ）だけをとりあげて焚くようになった。それからというもの、香すなわち匂いは沈香だということになって、「沈すなわち香」あるいは「香すなわち沈」であるといっている。

沈香木はある種の樹脂分が木質の小部分に沈着凝集した香木であるが、樹脂分の凝集度の相違によって微妙な匂いの変化が生まれる。この匂いのニューアンス、すなわち香気の変化と種々の様相を聞いて知ることが、「香すなわち沈」を焚くことである。しかしそのためには、沈香木を焚いて、よくその匂いを聞きわけるために、ある種の方法がなければならない。この方法すなわち香気の分類の標準は二つである。

まず沈香木の木所（きどころ）といって、品質上の区別を南方各地の原産地の名から考えた。それは次のように。

伽羅《きゃら》（原産地名ではなくて沈香木中の最優秀品を指す）、羅国《らこく》（タイのロフリ地方の名で、ここから出る香木）、蘇門答剌《すまとら》（スマトラ島西北部の古い地名から）、真南伽《まなか》（マラッカを訛ったもの。香木の集散地名）、真南蛮《まなばん》（タイ全体を指した通称の名。タイ国産）、佐曽羅《さそら》（これだけは何によったのかわからない）

しかしこの香木の出所である品質だけでは香気を十分に嗅ぎわけることができない。それで香木から発する匂いそのものを、

苦（にがい）、甘（あまい）、辛（からい）、酸（すっぱい）、鹹（しおからい）

という五つの味の組み合わせで表現しようとした。ある一つのところから来た（すなわち木所の）沈香木の香気は、五つの味のおのおののこのような組み合わせからなっているということで、香木を品質（出所である木所）と匂い（味である五味）の上から判定しようというのである。いま香木の木所と五味の一例を表示しよう。

木所（品質）		五味（香気）				
伽羅	ベトナムの極上	酸	甘	苦	辛	鹹
羅国	タイのロフリ		甘	苦	辛	
蘇門答剌	スマトラ	酸	甘		辛	
真那賀	マラッカ	酸		苦	辛	
真南蛮	タイ全土	酸	甘	苦		
佐曽羅	出所不明	酸				

木所は香木の出所である産出地の区別であるから、この区別は比較的にはっきりしている。ところが香気のニューアンスとなると、そうたやすく問屋《とんや》がおろさないから、香の煙の中の匂いを、味のちがいでなんとか区別しようというのである。中国で発明の「五味」の組み合わせを応用して、香気の様相を知ろうというのである。匂いは表現がなかなかむつかしいから、舌で感じる味わいをもって代用しようとする。この場合、上の表をじっくりと見てもらいたい。酸（すっぱい）がほとんどの香木に共通し、甘（あまい）と苦（にがい）と辛（からい）が次である。そしてこれらの味の強い弱いでは、酸が

もっともまさっているという。甘い sweet、辛い hot で acrid、苦い bitter、鹹い sharp の組み合わせであるが、沈香木の香気の主体は酸《すっぱ》さ (sour, acid) の組み合わせである。これが中心になっていて、香木の匂いは甘、辛、苦、鹹の四つの味がそれぞれ適当な比率で組み合わさって、できていると考えている。日本の自然と風土から生まれる感覚である。スウィート (甘い) といっても、蜜の甘さではなく、親しみのあるおだやかさ。ビッターは単に苦《にが》いのではない。といって刺戟が強烈とまではゆかない、なにほどかの力強さである。辛いは hot で pungent で acrid で sharp な様々であるが、私たちのはむしろワサビの辛さに近い。辛いは辛いが一時的に鼻にせまって後に残らないものである。そうすると五味で表現される匂いは、心にくくものあわれにつつまれるものであろう。私たちの飲食品をよくかみしめてもらいたい。甘い、辛い、苦い、すっぱい、塩からいの色々であっても、共通してどこかにすっぱさがある。例え hot で bite で sharp で pungent であるといっても、すっぱさがどこかにないと、私たちの好む味とはならない。

歌謡曲に耳をかたむけてください。喜怒哀楽の情感や熱烈な恋愛とロマンスなどがあっても、どこかに一抹《いちまつ》の哀愁がふくまれている。有名芸能人の歌に声に音階に、老いも若きも喜びをわかちあってうっとりとしている。しかしその歌詞を、じっくりと味わってもらいたい。あの気分と内容と音階でないと大衆は喜ばない。ついてこない。味でいえば、一抹のすっぱさである。

どうも私たちは、音と味にこのような気分がある。色彩その他についてもそうであるが、ここではふれないことにしよう。若い人たちは sweet で bitter で acrid で sharp で bite なものに、生きる歓喜を知るという。ところが外国に旅行してたった数日をすごしただけで、日本食が恋しく茶漬けの味が忘れられないという。安いだけからではなかろうが、暑くなるとザルソバをめしあがる。ライスカレーは本来のシャープな辛さではない。十分にジャパナイズされている。なんでもかんでもソースとマヨネーズをかける。すっぱさがどこかに入っている。ここに日本的なというものがあるのだろうか。日常茶飯《さはんじ》時の私たちの生活と起居を考えてください。昔の日本人が舶来《はくらい》(外国渡来)の沈香木の香気を、「すっぱい」匂いが中心であるとしたことがよく理解されるだろう。

あこがれの妙香——遊里の伽羅《きゃら》

元祿のころ(一六八八—一七〇三年)の流行歌を集めた『松の葉』の「香《こう》づくし」に、

橘《たちばな》、八橋《やつはし》、園城寺《おんじょうじ》、似たり不二《ふじ》の烟は菖蒲《しょうぶ》、——篠目《しののめ》、薄紅《うすくれない》、薄雲、上《あが》り馬、とかく伽羅の烟《けむり》と命の君は、留めても幾夜、幾夜留めても留め飽《あ》かぬ。

と六十一種の名香の名をならべ、そのころ流行の伽羅節《ぶし》で結んでいる。伽羅節の名は、松尾芭蕉の『貝おおい』の「においある声や伽羅節うたい初《そ》め」や半井卜養《なからいぼくよう》の『酔笑庵の記』などに記され、近

松門左衛門の「曽我五人兄弟」の虎小将の道行に、

いとし殿御《とのご》と伽羅の香《か》は、幾夜泊《と》めても泊めあかぬ。

また「若緑」四の薩摩節に

伊勢の松ん女、さてようさ、日本の伽羅も、幾夜さ留めても留めあかぬ

とある。それから宝暦七年（一七五七）の義太夫節《ぎだゆうぶし》（竹本義太夫が広めた浄瑠璃《じょうるり》の一派。太《ふと》ざおの三味線《しゃみせん》を使って語る）の姫小松の子《ね》の日の遊び（正月初子《はつね》の日に、野に出て小松を引き若菜を摘んで長生を祝う）に、

いとし男と伽羅の香の、一夜二夜はおろかなことよ、幾夜留めても留め飽かぬ

などと歌われているように、遊里を中心に伽羅の名が愛唱されている。

古くは公家《くげ》、近くは武家《ぶけ》の棟梁と一部の数寄者が焚いていた薫物と伽羅木（沈香木の絶品）は、都市の庶民、とくに江戸の吉原など、遊里の世界でもてはやされている。そして、ほんとうの伽羅木を焚いていたのかどうかはしばらくおくとしても、伽羅の名が中心である。だから享保十八年（一七三三）の『昔昔《むかしむかし》物語』に「伽羅を焼《たか》ぬは、大身《たいしん》は申すにおよばず小身にもなし」といわれたほどで、井原西鶴の『好色一代男』（一六八二年刊）は、

きやらもおしまずたきすてて、香炉が二つを両袖にとどめ、むろのやしまと書付けたる筥《はこ》より立ちのぼる烟をすそにつつみこめ、

という。そして人事百般にわたって伽羅という言葉が遊里の隠語《いんご》（特定の仲間の間だけで通じるように仕立てた語）として広く使われている。

(イ) 正保（一六四四―四七年）ごろの『鳥籠物語』に「これもめでたき御世故《ぎよせい》というに、じんの道とか申すべき、伽羅の道とやほめ申さん」と、じんすなわち仁を沈（香）にかけ、人倫の道を伽羅にかけているが、延宝六年（一六七八）には「国厚う千代のつやあり伽羅の春」と歌い、これは上品にいったものである。

(ロ) 明暦二年（一六五六）池田正式の『玉海集』は、「薫《かお》れるは伽羅の油か花の露《つゆ》」と極上匂《ごくじょう》い入りのびんつけ油と、化粧水である「花の露」をならび賞している。

(ハ) 延宝の富尾似船の『隠蓑《かくれみの》』は「立姿《たちすがた》、世界の伽羅よけう（今日）の春」また「袖ふれしどこの伽羅様、梅の春」と妙齢の男女のみめ美しい姿をほめたたえた形容に。

(ニ) なにごとによらずよいものをほめて伽羅という。またお世辞《せじ》をいうのを伽羅という。それから伊達《だて》な男と一代の美女を「金看板《かんばん》伽羅の男と女」（世間に誇りがましく宣伝し、時代のトップをゆく人たち）。極上の下駄《げた》を「伽羅の下駄」など。だから「笑い顔、伽羅もらはばや若夷《わかえびす》」は絶世の遊女の

意味である。

(ホ) 富める人を指して伽羅多き人と、金銀のあることを露骨にいうのをさけて用いる。「ある人の曰く、此人《この》を炭団《たどん》というは、色の黒きゆえかという。答えて曰く、さにあらず。此君にふるればみな人、伽羅を焼尽《たきつく》すという心なるべし。聞えし如く伽羅を焼《た》き尽すは金銀を使いつくすなり。」(柳亭種彦『吉原嘖嘲記』)

(ヘ) 一七八五年の操《あやつり》人形の浄瑠璃の外題《げだい》に「伽羅先代萩」と書いて「めいぼく」(すぐれたよい木から伽羅の異称とする)と読んでいる。

伽羅木は広く焚かれていたとしても、相当以上に高価で誰でもそうたやすく焚くことはできない。あこがれの妙香であった。だから伽羅という語が遊里を中心に、日常の会話に、遊宴に、歌に使われていたのである。

伽羅の油(びんつけ)が大流行——伊達な男女の化粧料

十七世紀なかばの徳川三代将軍家光のころ、

薫《かお》れるは伽羅《きやら》の油か花の露《つゆ》

と歌われた「伽羅の油」は極上匂い入りのびんつけで、沈香木の最優秀品である伽羅木の油ではない。武士に仕える奴《やっこ》などが、ホホヒゲをぴんと立てはやし伊達《だて》な姿をほこるため、蠟燭《ろうそく》から流れ出る蠟に松脂《まつやに》を入れ、油でねって塗ったのに始まるという。

「花の露」は今日の化粧水。これもヘチマ水などにいくらかの匂いをつけた程度であるが、びんつけとならびもてはやされた化粧料であった。

そして十八世紀前半のころには、

今は大なる伽羅の油入りの貝一つ。この油を日に二、三度つける故、江戸中に伽羅の油を売る所多し。お女中（婦人）なおもつてつけるなり。

といわれるほど、花街（色町）を中心に伽羅の油が大流行となって、伽羅の油の専門店が江戸の名物となっている。中でも有名なのが、芝・神明町の「花の露屋喜左衛門」である。広告がふるっている。

代々いずれも様の御ひいきにあずかり、きやらの油といえば、せむしや、せむしやとおうせ下さる。――花の露屋喜左衛門でござる。

油は白い、黒い、かんかたい（寒堅手）、やわらかい、あるいは琥珀、山吹《やまぶき》ねり、いずれも牛蠟、和蠟をつかわず、唐蠟をすいひ（水干）仕り、匂いは竜脳、麝香、はくばいと申て白き梅の花、

――さてまたねりまする油にやしほ、まんていか（猪豕の油脂）をつかわず、松やにくすべを入れず、しらしぼり極上でねり上げます。……御用とござりませうずなら、極上匂い入りびんつけ五両入りが三匁……云々……

世の常の誇大広告であろうから、額面（みかけ）の通りにはうけとれない。では正直なところ、十八世紀ごろの製法は――

（その一） 唐蠟八両、松脂三両、甘松《かんしょう》二両、丁子《ちょうじ》七分、白檀《びゃくだん》一両、茴香《ういきょう》四分、肉桂三両、青木香《しょうもく》三分、まんていか（猪油）と胡麻の油、加減してよく煎じつめ、きぬ袋にて漉《こ》し、麝香、竜脳三分、合せ練る。

（その二） 大白唐蠟十両、胡麻油（冬は一合五勺、夏は一合）、丁子一両、白檀一両、山梔子《くちなし》二匁、甘松一両、この四色（種《しゅ》）のくすりを油に入れ、火をゆるくしてねる。二日めに蠟をけずりて入れ、火をつよくして、くろいろになるほどねりつむる。こげくさくなるとも、湯せんのとき、そのにおいはのくなり。よくいろつきたるときあげてさまし、竜脳二匁、麝香三匁いれてよくまぜあわす。

もちろん製法は各店の秘伝秘法であったろうが、二つの例の中では後の方がどうも真実に近かったようである。丁香と白檀で色気をふくませ、竜脳と麝香で艶麗でありながら透き通る匂いを出させ、胡麻の油と舶来中国の木蠟でかためている。

頭髪にぬったびんつけ油は、本人を楽しませるとともに、接する者を恍惚とさせるものでなければならない。木蠟と胡麻の油を土台とし、松脂でかため、幽艶で人の心を吸いよせる力を発揮する丁香と白檀、それから心の奥まで突き射す竜脳と麝香の匂いである。彼女のあついあつい心と身体のぬくもりで、髪に塗ってある蠟分は溶け、油の中で一体となっている微妙な匂いが渾然《こんぜん》として彼氏の鼻にせまってくる。伊達な男と女と、紅灯《こうとう》の巷《ちまた》になくてはならない。

びんつけは花の露、伽羅の油を用ゆ。かたきもやわらかきも、なべてびんつけという。

というが、そのころの化粧料のトップであった。そしてまたここにあげた製法が、江戸の中期から末期にかけての化粧品製造技術の最高であったのだろう。

世界に覇をとなえた日本の樟脳——Bowl method で製造される

私たちの国は昔の香薬を産しなかったので、香料の歴史は異域より輸入した香薬をどのように使って匂いを楽しんだかということにしぼられる。ところが十七世紀より九州の樟樹からとった樟脳は盛んに海外に輸出されて、明治時代には薄荷《はっか》とともに世界に名声を博した二大天然香料であった。この樟脳はマレイ、スマトラ、ボルネオの極めて限られた地域にだけ産した高貴薬である竜脳の代用品として、十三世紀に初めて中国で製造法が発明された。曰く、

(イ)　土の竈《かまど》を一列にきずいて、おのおのの上に鉄の鍋を置く。樟《くす》の老樹を伐り倒し、枝を切って皮をはぎ、鷹《たか》の嘴《くちばし》の形をした円刃《まるば》の斧で削り取って砕片とし鍋の中に入れ、水を砕片よりすこし上まで注ぎこむ。陶磁の盆で鉄鍋にふたをし、鍋とふたをよく密閉して内部の空気が洩れないようにする。それからとろ火で二時間ほど熱し、冷却するのをまつ。すると脳分は昇華してふたの内面に凝結しているから、羽《はね》ぼうきできれいに払って取る。これが粗製樟脳（青脳）である。

(ロ)　樟木のなまのものを切り砕いて、三日三夜の間井戸の水につけ、これを鍋の中に入れて煎じる。柳の木の枝でよく攪拌《かくはん》してゆけば、水分が半減したころになると、柳の小枝に白霜のようなものが付着する。そこで滓を濾過して、水汁だけを素焼《すやき》の鍋に入れ一夜放置しておくと、自然に凝結して塊状となる。

この二つのうち、(イ)は昇華法、(ロ)は湯煎法であるが、最初の製法はどうも(ロ)の方法らしく、後で(イ)の昇華法になったように考えられる。

福建から広東の沿岸地方に多い樟樹から製造したもので、極めて粗放な製法であるが、早くスマト

ラのパレンバン地方へ輸出し、シナ・カンフォルの名声を高めていた。

日本では中国の製法にヒントを得て、十七世紀初め長崎で刊行した『日葡辞書』（一六〇四年）に「ショウノウ、安価なカンフォラ、ショウノウをヤク、カンフォラを作る」とあるように、鹿児島を中心にして製造が始まっている。そして製品は、ほとんどオランダ船によって輸出されているが、十七世紀の半ばにオランダ人は毎年四万斤の樟脳を買うよう決議しているほどで、生産量はこれを上下していた。一斤は普通六〇〇グラムに当るから四万斤は二万四〇〇〇キロである。またこの値段は天然竜脳の日本輸入値段の百分の一以下であったようで、驚くほどの安値であった。この製法は次のようで、Bowl method といわれた方法で一貫している。

㈠ 日向、薩摩、大隅より出す。深山の中の老いたる楠木《くすのき》を採つて、円刃の釿《おの》ではつりとり、土鍋に盛り、上にもまた鍋をふたし、これを蒸しあぶる。脳は上に昇つて着く。霜の如し。これすなわち樟脳なり。（『倭漢三才図会』一七一三年）

㈡ 楠《くす》の木というもの二品あり。樟《しょう》は心赤黒く香強し。楠《くす》は香すくなし。木の心赤黒からず。これには大木多し。くさりては岩となるなり。樟脳は樟の根をば切りとりて、その削りくずを釜にて煎ずるなり。小屋のうちに二十四釜をかけ二通りにするなり。一通りに十二釜づつせなか合せにして、間三尺ばかりあけ、その間を往来するようこしらゆるなり。釜のふたは鉢なり。釜と鉢との間を土にぬりて、いきの出ざるようにするなり。そのふたへたまりたる露、すなわち樟脳な

り。(『日本山海名物図会』一七五四年)

㈢ 日本人は樟の木の幹及び根を小片に截断し、水を一杯に盛った鉄鍋の中でこれを煮て、上に木の蓋《ふた》をしておく。蓋は非常にふくれている。この蓋のふくれている部分に、麦ワラや乾草を一杯に入れておいて、火熱により蒸気となって上ってくる樟脳を取るのである。樟脳はワラにつくから、これを放すと粉になって落ちる。(一七七五年に渡来したツンベルグの紀行)

㈣ まず地を掘り長竈を築き、数鍋を並べ架し、各水を入れ、上に木の甑《こしき》を置き、樟の生木《なまき》を伐り、枝と皮を去り、割て小薄片となし、甑中に入れ、木薪を焚いて蒸過し、上に素焼の鉢をおおい、火をつけて燃やし、素焼鉢の冷えるにいたりて、鉢内に樟脳の結するを払い取る。皆クスの木の心、赤黒色にして脂《あぶら》あるものを用ゆ。心白くして脂なきものは蒸して脳なし。(『本草綱目啓蒙』一八〇三年)

ツンベルグの紀行までの三つは、釜の中に樟の材片を入れ、上に鉢をおおって加熱する方法で、中国と同じである。ただ十八世紀末にいたって、鍋に水を注ぎ、その上に木製の甑を置いて樟片をつめこみ、鉢でふたをする方法となっている。といっても、樟の脳分の抽出だけで、樟脳油の製造は全く考えられていない。蒸発する精油分を冷却して、油と脳を取る蒸溜装置はもちろんまだである。単純な昇華法であって、蒸発した脳分は素焼の鉢の内面に密着するだけで、極めて粗放な製法である。にも拘らず、九州の樟は中国のものより脳分の含有率が高いから、相当以上に生産され、十八世紀の後半には年間約四万七〇〇〇キロの生産で、三万三〇〇〇キロも輸出している。大体国内製造量の約七〇パーセント内外は、オランダ船による輸出である。輸出のほとんどは、インドのスラット市場で取引され、インド人の需要にあてられていた。十九世紀初めの宇田川榛斎《しんさい》は、「カムプラの粗なるものは、日本及びシナに産す。これを尋常の品として下品に属す。日本に産するものを一にシナ・カムプラと名づけ、又下品をもしかく名づく」と記しているが、天然竜脳あるいは精製樟脳とくらべてそういったのである。とにかく日本の樟脳は、たとえ粗品、下品であっても、値段の点では非常に有利であった。元祿（十八世紀初め）のドイツ人ケンペルは「非常に安価で、日本の焼製樟脳八〇ないし一〇〇カテーは、ボルネオの天然竜脳一カテーにしかあたらない」といっている。

世界でも稀な香薬の王者アンバル——日本近海で発見

元和二年（一六一六）に細川忠興が土佐の山内忠義にあてた書翰に、

なおなお先日申し入れ候《そうろう》アンベラと申すはくじらの糞のことにて、船につき候えば波これなく奇《き》特《とく》なることに候、拙者《せつしや》にもすこし下さるべく候、

とある。また林羅山の『多識編』四は鯨（久志羅）の説明で、

土佐の漁人は蠟の固まりのようなものを採集している。これは鯨の尿だという。国主から将軍家へ献上した。当今、南蛮の薫玉すなわち阿牟倍良（アムベラ）と称し、麝香鯨（抹香鯨）の尿の和合したもので、南蛮人は甚だ珍重する。

という。アムベラはポルトガル語、スペイン語のアンバルで、十六世紀後半の南蛮人（ポルトガル）渡来によって、日本の竜涎香は知られたのであった。慶長十九年（一六一四）にイギリス人は琉球列島のアンバルに注目し、世界に産する最良かつ白い若干のアンバルを産するといっている。翌年には琉球と平戸の産出品を購入したが、それらの劣等品であっても、フランスで一オンス三〇フランで売れたことを記憶していると説明し、アンバル九ポンド（すなわち斤）と一四オンス（一〇匁）の値、九貫五九三匁五分のものを送るといっている。

こうして渡来した南蛮人、紅毛人（イギリスとオランダ人）によって、琉球や平戸の海岸に浮遊漂着するアンバルの優良なことがまず認められた。彼らは日本人がまだアンバルの本当の価値をよく知っていなかったので、安く手に入るから熱心に探し求め、土佐の近海にも発見するようになり、ポルトガル語のまま珍品といわれていたのである。忠興が鯨の糞としながら、船に塗ると波が静まるというのは、鯨油を海に流すと波が一時おだやかになることをいったのだろう。わが捕鯨業は慶長年間（一五九六—一六一四年）に始まると『刺鯨聞見録』は伝えているが、アンバルはヨーロッパ人の注目と需要によって発見されたのであった。後代までわが国内の需要はすくなく、渡来のヨーロッパ人が案外高値を出して買ってくれたので、漁人の注目するところであった。元禄（一六八八―一七〇三年）のドイツ人、エンゲルト・ケンペルは、日本滞在中、紀州の海岸で取れたアンバルは重量およそ一三〇ポンド、灰色の良品で、最も普通の採取方法は海岸に漂着したものを拾うのだという。彼は『日本志』の付録に、日本のアンバルを中心とする研究をのせて、

アンバルを愛好するアジアの諸国民は、その用法についてまだ広く知っていない。ヨーロッパ人は医薬に、ペルシア、アラビア、ムガール人は肉の匂いづけにまで使う。中国人、日本人、東《トン》京《キン》人は他の香料薬品に混合して匂いの保香剤に使うだけで、アンバルの広い用途全体の一部分しか知らない。

という。『刺鯨聞見録』は、

俗に鯨糞《フン》といえども、鯨の糞《くそ》をいうにあらず。別に鯨の腸中に結成するもの、即ち鮓答《さとう》（胆石または結石）の類なり。而して六鯨（あらゆる鯨）各《おのおの》この物あるにあらず。独《ひと》り抹香鯨に限りあり。抹香鯨も毎《ごと》にあるにもあらず。太地浦にて鯨糞を獲ること古くは十四、五尾中にてたまたま一、二塊とりうることありという。近年は甚だまれなり。慶長年中より鯨をとり始めて、そのころのことは委《くわし》く知れず。貞享三、四、元禄六、宝永二、三、七、寛政六、貞享より今にいたるまで終《つい》

に七度なり。

というほどである。安永年間のツンベルグは、日本では海岸で鯨を銛《もり》で取り、臓腑の中からアンバルを取り出すという。小野蘭山は平戸（肥前）、羽根浦（土佐）、三輪崎、太地浦、熊野（みな紀州）などの捕鯨場と九州の屋久島（これは漂着するもの）を産地にあげている。琉球列島で発見したことは、島津家から幕府に献上されていたことでよくわかる。また中国・清代の『東洋記』は薩峒《サシマ》島地方の海上物産にあげ、琉球から薩南諸島のアンバルは中国人にも知られていた。

三　ポルトガル

十五世紀末、南アジアの胡椒年間生産量

十六世紀初めのポルトガル人、トメ・ピレスは、十六世紀の前夜すなわち十五世紀末ごろの南アジア主要各地の胡椒年間生産量を次のように報告している。

地区		年間生産量（バハル）	年間生産量（英トン）	年平均（トン）	備考
マレイ半島	ケダ	約四〇〇	七一	二〇〇	シャムから中国へ
	パタニ	七〇〇←八〇〇	一二五 一四三		
スマトラ西北部	ペディル	六〇〇〇←七〇〇〇←一〇〇〇〇	一〇七〇 一二五〇 一七八五	一四〇〇	中国とインドへ送られる

	パセ	八〇〇〇 ←一〇〇〇〇	一四三〇 一七八五	一六〇〇
ジャワのとなり	スンダ	一〇〇〇	一七八	一八〇
小	計			三三八〇
インド	マラバル	約 二〇〇〇〇	三五七〇	三六〇〇

（バハルはインドと東南アジアで大量の商品取引の重量単位であるが、各地で量目を異にしている。私は大体四キンタール すなわち四〇〇ポンドと概算している）

彼はマラッカで会計官であったから、各地の商業取引の商品の種類と数量、各地の年間生産量と輸出量ならびに値段、主要貿易港に出入する船舶の種類と大小、隻数など、そして秤量と通貨の種類、取引に従事する主要民族と国籍、その他あらゆる産業状勢について、正確な資料と調査にもとづいて報告している。彼はもと本国のポルトガルで薬剤師であったから、香料と薬品に関する知識は誰よりも正確であった。

彼はスマトラのペディルでは、かつて一万五〇〇〇バハル（二六八〇トン）の生産があったと伝え、スンダとマラバルではこれ以上の生産であるようにいっている。胡椒は年間の雨量によって豊凶があるから、ペディルでは六―七〇〇〇ないし一万バハルだという。私はそれらを平均して年間の生産量としている。それからジャワのスンダは案外すくなく、東と中部ジャワで生産量をあげていないのは、ポルトガル人がこの地方の胡椒に留意する必要を認めなかったからだろう。ピレスはスラバヤ地方まで旅行しているから、胡椒のあることは知っていた筈なのに、数量はもちろんのこと、胡椒を産するといっていない。彼以後有名になったスンダの対岸にあるスマトラのランポン地方の胡椒については、優良な胡椒がすこしあると、この地方の生産が始まりかけている消息を伝えているのは、マラッカと近接している関係にあるからだろう。とにかく各地の胡椒事情に鋭敏な彼が、東と中部ジャワの胡椒について語っていないのは、現地の住民が必要とする以外に、輸出として見るべきものが無かったためであろう。

彼と同じ頃のポルトガル人、デュアルテ・バルボーサも各地の胡椒生産状況について、数量は記していないが大体同じである。だから十五世紀末には、インドのマラバルとスマトラ西北部のペディルとパセが胡椒の二大産出地で、マレイ半島とスンダがそれに次ぐものであった。十三世紀の初め中国に胡椒を輸出していた東ジャワは、国際上ではその地位を失っている。スマトラ西北地域の生産量が十五世紀に急に増大し、かつての東ジャワをはるかにしのいだのであった。このような変化が、胡椒の外国輸出用の積出地として東ジャワの地位を失わせたのである。十三世紀に始まる中国の胡椒大需要は、その後拡大の一途を辿ったから、スンダとスマトラ西北部そしてマレイ半島、それからスマトラ東南のランポンへと胡椒の生産を促進させ、東ジャワは胡椒だけについては忘れられた地方となったのである。このような産出地の変化について、今一つ留意しなければならないのは、十四世紀から十五世紀にかけて、西方ヨーロッパの胡椒消費の増加である。ヨーロッパの分はほとんどインドのマラバルから、ペルシア湾と紅海を経由してイスラム商人の手で送られているが、マラバルの生産量だけでは、ペルシア、アラビアそして近東地方の需要もあるから足りなくなってくる。それでスマトラ西北部の胡椒がインドへ輸出されたのである。この地方の胡椒の突然の栽培と増産は、十五世紀に入り東西両世界の胡椒需要の増大によるものであった。

スマトラ西北部はインド洋から東南アジアへ入る関門で、季節風の交替をまつため東西海上交通の重要な拠点であった。しかし十四世紀まで、胡椒は全く生産されていなかった。十五世紀に入り東西両世界の胡椒需要の増大、特に中国の需要増加がいちじるしくなって、この地方に新しく栽培されるようになった。それから胡椒の世界的大産地であるインドで、生産量が不足したというのは、一見不思議なように思われるが、これはレバント、アフリカとヨーロッパの需要増大によるものである。

初めにあげたピレスの報告によると、インドのマラバルは約三六〇〇トン、スマトラの西北部を中心にマレイ半島とスンダを合わせて東南アジアは三三八〇トンの生産である。しかしペディルでは二六八〇トンの生産を見たときもあったというから、大体この地方を中心にインドのマラバルと同じ程度の生産であったと見てよかろう。そして大まかにマラバルとスマトラ西北部で各々四〇〇〇トン近くの生産であったと想像してよろしい。このことは実に十五世紀に入り中国の胡椒需要が、ヨーロッパをしのいでいたからであることを忘れてはならない。

十五世紀末、中国とヨーロッパの胡椒需要量

まず問題は中国の胡椒需要量である。トメ・ピレスはマラッカから送られシナで価値を認められている商品について、

主要な商品は胡椒である。彼らは毎年十隻のジャンクが積荷する胡椒を、もしそれだけの数の船がマラッカに行けば買入れるであろう。また丁香や小量の肉荳蔻、プショ、カショそのほか若干の品物および香木、多量の象牙、錫、沈香を買うであろう。……（中略）……各色の毛織物も買うが、胡椒をのぞくと、その他のすべてはとるに足らぬ品物である。

といっている。また一五一〇年二月にマラッカから出したポルトガル人、ルイ・デ・アラウジョの手紙は「毎年八ないし十隻のジャンクがマラッカに往来して、胡椒と若干の丁香を積んで帰る」と報告している。それで南海貿易に従事していたシナ船の大きさを考えると、十三世紀末のマルコ・ポーロは、彼のころのジャンクの積載能力を、胡椒五千ないし六千俵積める船だといっている。――彼はまた小型船でも千俵積める大きさという。――一俵（bale）を三五〇ポンドとすれば、五千俵では約七八〇英トンとなるから、大体八〇〇トン前後の積載能力のある船である。しかし中国のジャンクは元

代以後段々に小さくなっている。それでも十七世紀ごろバタビアに毎年五隻内外の中国船が入港し、三〇〇トンから六〇〇トンの荷物を積める船で、三五〇ないし八〇〇人の乗組員であったとオランダ人は報告している。だから十五世紀末のジャンクを、その中間の大きさの船と見れば、大体四〇〇ないし五〇〇トンの積載能力のある船である。そしてこの二分の一の積荷が胡椒であったとすれば、一〇隻では二〇〇〇ないし二五〇〇トンの胡椒を一年に輸入していたことになる。このような需要量は、大部分がスマトラ西北部の産で、それにマレイ半島とスンダ産を加えたものであったろう。

十六世紀初めのポルトガル人が目的とした胡椒は、ほとんどインド南部のマラバル産であった。彼らの年間輸送量はどれ位であったろうか。インドとポルトガル本国間を航海した船の隻数は、年によって違いはあるけれども、大体年平均五隻内外が初期には往復している。——ただしこれは難破、沈没分を除いて。——船は五〇〇トン以上、八〇〇ないし一〇〇〇トンの大型艦船であった。そして全積載量の二分の一以上は胡椒であったから、年間一六〇〇ないし二〇〇〇トンが輸送されたはずだと考えられる。しかしこれは表面的な計算上のことで、全ヨーロッパの胡椒年間消費量の約七〇パーセント内外を輸送できたときが、ポルトガル人のインド貿易の全盛期であったという。オランダの学者には、十六世紀前半のヨーロッパの年間輸入量を一六〇〇トン内外と見ている人がある。十六世紀末のオランダ人・リンスホーテンは、当時のポルトガル船の胡椒年間輸送量を二〇〇〇ないし二二〇〇トンと推定している。また一六二二年にオランダ東インド会社の理事会は、ヨーロッパの年間消費量を三一〇〇トンと見積っている。そして一六八八年には三四〇〇トンと推定している。そうすると全

ヨーロッパの年間消費量を、

十五世紀末――約一六〇〇トン内外

十六世紀末――三〇〇〇トン近く

であったと見てよかろう。そしてすべてインドのマラバルからの供給にあおいでいる。だからマラバルではこれ以外にペルシア、アラビアそして近東地方、北と東アフリカの需要分を輸出しなければならない。こうしてマラバルの産出分だけではどうしても不足するから、この不足分をスマトラ西北部のペディルとパセからの輸入によっていた。

以上は本節の前の文の冒頭にトメ・ピレスがあげている十五世紀末の胡椒年間生産量によって推定したのであるが、当時ヨーロッパの年間消費量は中国とくらべて、すくなかったことははっきりしている。ところが従来十六世紀の胡椒の伝播を考える多くの人びとは、ともするとこの事実を忘れている。ヨーロッパ側からのことだけを記して、中国のことにはふれていない。ヨーロッパの学者の研究が、自分たちのことだけに焦点をあてたからであるが、それをうのみにした他国の学者にも責任がある。東西両洋に伝播した胡椒については、西側以上に東側への流れをもっと考えなければならない。

ゴアの三大名物――ガマとアルブケルケとオルタ

これは縁日でガマの油を売っている香具師《やし》が、ヤブレカブレで刀がオレタという話ではない。今から十三年前のこと、私はインド南部とスリランカの山中や僻地を二カ月ほど一人で旅をした。香料植物の実態とその歴史を求めてである。デッカン高原からマラバルのコチンへ、そしてかつての十六世紀、ポルトガルのインド進出の中心であった「栄光のゴア」の廃墟を見てまわり、日本に初めてキリスト教を伝えたフランシスコ・ザビエー聖人の遺体をおさめた金色燦然《さんぜん》と輝く柩《ひつぎ》を拝した。

その時のことである。土地の人が「ゴアの三大名物」を知っているかと私に尋ねる。知らないというと、ほこらしげに「バスコ・ダ・ガマとアフォンソ・アルブケルケとガルシア・ダ・オルタの三人である。ガマは知っていても、後の二人はとても知るまい」と。

私はいった。アルブケルケはガマについでインド総督となり、ゴアとマラッカを占領してポルトガルのインド支配を確立した豪傑で、残忍非道の将軍である。オルタはゴアに長く在住して、インドの薬物を研究した医者で世界的な博物学者であった。すると土地の人曰く、さすがあなたはプロフェッソールである。オルタまで知っているとは実にえらい。

そこで私は「オルタはどんなことをなしとげたのか。知っているか」と問いかえすと、相手はションボリとなって、知らないという。私、プロフェッソール曰く、

彼は『インドの薬物と薬剤』という対話の形になっている本を著述した。この本は十六世紀の後半にゴアで出版されたポルトガル文の三番目の世界的な名著である。

知らないとはケシカランと反対に鼻高々である。

話はこれまでとして、日本の観光地や名所で、土地の名物人といえば、軍人、武人、大名、将軍、政治家、文人、歌人、名優などで、大体相場はきまっている。医学者で博物学者などは滅多に出てこない。東北の野口英世博士一人位だろう。さすがはゴアである。ヨーロッパ人の考え方はちがうと、私は一応感心した。ルイス・デ・カモエンスのような、十六世紀のポルトガルを代表する大詩人やフランシスコ・ザビエー聖人の名は出てこない。この二人はゴアに定住していなかったからだろう。カモエンスはインドからマカオへ、兵卒そして囚人となって死んだ詩人である。ザビエーは日本布教で高名であるが、中国に布教しようとして、ゴアの入口の孤島で昇天した。インドに初めて到達したガマと、彼についでインド支配を果敢に実行した残忍で勇猛な将軍と、博物学者のオルタである。この三人の組み合わせを、どう解釈したらよいか。

答えよう。十六世紀ポルトガルのインド進出は、当時ヨーロッパで熱狂的に要求されたインドの胡椒とセイロンの肉桂（シンナモン）、それからインドネシアの最も奥地にある小島モルッカとバンダだけに出した丁香（クローブ）と肉荳蔻《にくずく》（ナツメッグ、メース）の獲得と支配であった。彼らがインドからアフリカ大陸を迂回して、はるばる本国のリスボンまで積んで帰った積荷の七五パーセントはスパイスであった。これはポルトガル王室が独占していたのである。

インドからヨーロッパに流れこむスパイスを独占的に支配し獲得して、ヨーロッパでしこたまもうけねばならない。その代り本国から銀を送るのであるが、できるだけ安価で、もっともすくない量の銀で、インドとモルッカのスパイスをできるだけ多くかき集めなければならない。そのためには軍事力の行使がなによりの方法で、最もてっとり早い手段である。十の字の天主（クルス）の旗の下に、剣と槍と銃と大砲の偉力こそ、アジアの住民の手からスパイスを奪い取る最高のものである。これを人物で表現すれば、バスコ・ダ・ガマとアフォンソ・アルブケルケである。

しかしである。例え十六世紀であっても科学的でなければならない。これがヨーロッパ人であろう。博物学者のガルシア・ダ・オルタは医者としてゴアに住み、終生インドの薬物の研究に専念してゴアで死んだ。彼曰く、

私たちは真実を求めるためにやってきた。母国ポルトガルの栄光は、インドで何が真実であるかを発見することである。

と。彼のいう真実とは、インドいや広く東洋で、香料薬品の実態を明白にすることである。それまでヨーロッパ人は、ペルシアとアラビア人からだまされて、香薬のほんとうの原産地や、香薬そのものがどんな植物のなんであるのかなど、全く知らされていなかった。知らなかったのである。ほとんど偽物に近いスパイスを食べさせられていた。ものによると原産地からインドにもたらされた香料薬品は、インドの集散地で、インド人、アラビア人の手により増量され偽和加工されていた。香料薬品は、それほどややこしいものである。純品のスパイスは、どこに産して、なんであるのかを知らねばなら

ない。ここにオルタ先生の「真実の発見」の意味があろう。

オルタ先生は、彼の生涯をこのことにかけた。彼の不朽の名著『インドの薬物と薬剤誌』を著述した。英語で simples は薬品の本《もと》(原料)で、drugs は薬剤である。私たちが日常服用するのは薬剤(drugs)で、この薬剤の原料が薬品(simples)である。そこでスパイスの純品をはっきりつきとめ、各種のスパイスを配剤加工したもの、あるいは偽和加工したものとの区別をはっきりさせねばならない。こうしてヨーロッパ人は、初めてインドの香料(スパイス)と薬品の実態を知ったのである。オルタ先生の功業(てがら)である。しかしちょっとまってください。オルタ先生の研究によって、ヨーロッパの誰よりも早くこの真実を知ったのはポルトガル人である。他のヨーロッパ諸国はまだ知らないときに。するとポルトガル人は、このことで、インドから輸入したインドのスパイスでしこたまもうけた。十六世紀の一〇〇年間とはいえなくても、前半の五〇年間は彼らだけが知っていたのである。オルタ先生の研究の成果は、なによりもまず先に母国のポルトガルに莫大な利益をもたらしたのである。

「剣と大砲とスパイス」は神の栄光であるクルス(十字の印)の旗の下に、十六世紀初めのポルトガルを世界的な偉大な国とした。それはゴアを根拠地としてである。だからゴアは、この三つをシンボライズする三人の名で代表される。日本で普通には知られていないガルシア・ダ・オルタという人の名があげられるわけである。

流血で染められ殺戮を重ねたスリランカ、ガーレのフォート

昭和四十二年六月下旬の、ある日の夕暮であった。私はシーロン島の最南端にあるガーレの町に入った。シンハリースの人たちで雑踏している食料品市場から街路を通って、見上げるばかりに高い城壁を薄暮のなかに認めた。頑丈な石造りの門と思われるものをくぐりぬけ、ニュー・オリエンタル・ホテルに着いたときはまっくらであった。名はニュー（新）でも、一八六五年に建てた三階建の古風な英国スタイルである。オフ・シーズンであるから、宿泊客は極めてすくない。おかげで「寝室、化粧室、応接室、バス、トイレット」と四つのコンパートメントを備える広壮なルームを一人で占領し、インド洋の波の音を聞きながら、シーロン・ビーアに酔って眠りにおちた。

翌朝は早く目をさまし、ホテルのベランダでコーヒーを飲みながら、あたりを眺めると、すぐ隣に古そうな教会堂がある。早速ホテルを飛び出して、御堂《みどう》に入ると誰もいない。鍵もかけてない。荒れはてている。案内書によれば、一七五二年ごろ建てたオランダ人の教会とある。その後、補修したのだろうが、とにかく古色に包まれている。

そこからすこし曲ると、これもまた古臭いが、いかめしそうな細長い石造りの倉庫のような建物がある。中央に門があって、その上にオランダ東インド会社の頭《かしら》文字を略した VOC のマークと紋章があって、一六六九年という年号がある。かつてのフォートの正門である。私の興趣は油然と涌いてくる。

そこで海岸の城壁に向ってあるくと、石造のいたんだ小さな倉庫がある。碑文に「A. J. Galle den 1st Zeber 1787」とあるのが認められる。要塞の突出したところにある稜堡（バスチオン）のため、食料や弾薬、武器などを納めた石倉のなごりである。

南端の燈台のある所から海岸にそう城壁の上をあるいて、インド洋の豪快な荒波を眺めつつ、トリストン・バスチオンからネプチューン・バスチオンまで来ると、海岸にそそり立っている巨大な城壁が二重になって、その間に空堀《からぼり》がある。堀は深くて、ゾッとするような凄《すご》さである。かつてオランダ人が、イギリス人を惨殺したところだという。

この深い空堀に投げこまれただけでも、死ぬだろう。もし生命はあったとしても、這いのぼることは絶対に不可能である。熱帯の太陽は容赦なく照りつけて熱の地獄となる。雨は降って水の地獄となる。傷ついてあえぎながら、いくばくの余命が保てるだろう。彼らの死体は、むらがるシーロン名物のカラス（ka-ka とシンハリースはいう）の餌食となって、白骨をとどめるのみであろう。凄惨な過去の日をこの城壁は語っているのだろうか。なんとなく陰気である。外壁に高いしぶきを打ちあげてうなるインド洋の波も、なにかしら悲しそうである。

私はガーレの岬（半島とはすこし大げさである）になっているフォートの南部を一巡してから、ホテルで朝食をすまし、フォートの正面である北の部分を見ることにした。昨日の夕暮に通った巨大な門は、この右の所にあった。二重になった雄大きわまりない城壁で、ガーレの町に面した部分は、恐ろしいほど頑丈な高い石造の絶壁で、威圧されそうである。城壁の内面は騎兵が自由に走れるほどの幅の高台で、左から右へ、スター、ムーン、サンと名づける巨大なバスチオンがある。名は優雅であるが、虐殺、殺戮、惨殺が茶飯事の如くくり返されたのだろう。

周囲を城壁でぐるりとかこんだガーレのフォート跡は、港を東部にひかえた町である。ガーレの旧街区である。相当に広い。現在は官庁、郵便局、銀行、船会社、商店、倉庫、住宅などが立ちならんでいる。街路は十八世紀ごろと変っていないという。

シーロン島で四〇〇年以前のヨーロッパ都市の一断面を伝える、唯一の古風なおもむきのある町である。町角の大樹の下で、うすよごれた老婆が、石灰にスパイスを混じベテルの葉で巻いて、のんびりと売っている。くずれかけたきたない家の中から、まっぱだかの子供が外をのぞいている。どこか、まのぬけたようなたたずまいである。

一五八七年にポルトガル人は、この土地を土侯から奪い取り、北部の現在二重になっている頑強雄大な城壁とバスチオンを築造して、原住民が内部に侵入することを防ぎ、フォートとしたという。そして一六四〇年には、オランダ人が数年かかって死闘のあげく、ポルトガル人から奪い取ったのである。彼らは北部の城塞を強化するとともに、岬の周囲全部に今日見るような壮大な城壁を、えんえんとはり巡らした。現在の景観は十七、八世紀のオランダ時代のものである。ところが、これも一七九六年には英国人に占領されてしまった。

私が見てまわった城壁、城塞、バスチオン、軍需品倉庫と教会堂、東インド会社の紋章のある倉庫などは、オランダ時代の遺物である。

ガーレのフォートで、一世紀たったニュー・オリエンタル・ホテルに泊り、街路を歩きながら私の頭に浮かんでくるのは、十六世紀のポルトガル人が築いたマラッカのフォートの古図である。威圧するような城壁で囲まれ、七カ所のバスチオンには大砲がならんでいる。城内には「教会堂、僧正のマンション、総督（市長）官邸、兵舎、宿舎、病院、ミゼルコルジア、コレジオ（学院）」などがある。ポルトガル本国の都市の縮図だというが、そこにあるものは「軍備と教会」である。彼らはアフリカ南端の希望峰から、東アフリカとインドの沿岸各地、そして東南アジアのマラッカへと、各要地にフォートを築き、大砲の威力と十字架の信仰で守備した。広大なインド洋から東シナ海にわたって散在する各地のフォートを拠点とし、海上のラインを船舶で結んだのである。

私は古資料や文書で、彼らのフォートを推察していたのであるが、現実にその遺跡を見たのはガーレが初めてである。例え十七、八世紀にオランダ人が拡大していても、十六世紀のポルトガル人のフォートの跡が、まだよく推定される。マラッカのフォートとほぼ同じであったろう。

ガーレの町なみの古色蒼然とした姿には、古いものの中に見出されるおちつきがある。それを囲んでいる城壁には、中世ヨーロッパ都市の断片をうかがうことができるノスタルジアがある。しかしである。十六世紀のポルトガルが築造したという、想像に絶する高い城壁の上に立ったとき、私は少数のポルトガル「軍人、官吏、布教師」が、いかに多くの原住民の血を吸い、生命を奪ったのだろうと思い出さざるを得ない。軍備のため、海上交通の重要な拠点として、シーロン肉桂（シンナモン）の確保のためである。

ポルトガル人が住民を強制使役して築いた城塞は、さらにオランダ人によって拡大強化され、住民の流した血は倍加しただろう。私は南端の二重の城壁にはさまっている空堀で、オランダ人がイギリス人を虐殺したと語った。ポルトガル人とオランダ人も殺し合いをやった。ヨーロッパ人同士の殺戮も惨めであるが、それにも増すものは、三代のヨーロッパ人によって、さいなまれ、吸われ、流された原住民の血である。生命である。

利潤追求と布教活動——車の両輪、軸には軍事力

ポルトガル人に対し、卿等（あなたたち）はなんのために東洋（インド）におもむくかと問えば、彼らは傲然《ごうぜん》として「胡椒（スパイスすなわち香料）及び霊魂（アニマすなわちキリスト教）のために」と答えたのである。（スパイスによって）商利を開拓すると同時に、土人に耶蘇《やそ》（キリスト）教を伝えて、彼らの霊魂を救済するのが主眼であった。ポルトガル人の貿易地点には堅固な城塞がたてられ、多数の兵士が駐屯し、またポルトガル王はアフリカ南端の希望峰から、はるか東南アジア奥地のモルッカ諸島にいたる間に十九ヶ所の駐在所を設け、教職を任命し、会堂維持の費用を負担された。しかしながらいつしか「霊魂」は忘却せられ「胡椒」のみが彼らの専業となった。教師は懶惰《らんだ》で土語を勉強しないから、土人に説教することができない。土人中洗礼を受ける者はあっても、一向教理をわきまえない。商人や兵士の大多数は、あるいは一攫《いっかく》千金を夢み、あるいは

喧嘩刃傷を事とする無頼漢で、しかも独身者であるから、酒と女とを相手とし、宗教の話などは全然耳に入れない。そうして将校その他上流に立つものが汲々として私利を営んだことは、「三年東洋に駐在すれば一生安楽に暮せる」という諺《ことわざ》のあるのをもって知られよう。

これは故幸田《こうだ》成友《しげとも》先生の名著『日欧通交史』昭和十七年の一文である。十六世紀のポルトガル人が、胡椒をもって代表するスパイス（丁香《ちょうじ》、肉荳蔻《にくずく》、肉桂《にっけい》）と、アニマすなわち彼らの信じるカトリシズムの布教のため、インドへ進出したのは事実である。スパイスとは、そのころヨーロッパで強烈に異常なほど需要された香料薬品であった。

インド南部の胡椒（ペッパー）、スリランカの肉桂（シンナモン）、インドネシア奥地のモルッカ諸島の丁香（クローブ）、バンダ島の肉荳蔻（ナツメッグとメース）の四つである。これらのスパイスが、インドからペルシアとアラビアを経由して地中海のイタリアへ送られるのを遮断し、彼らの手によって独占的にヨーロッパへ輸送し、巨大な利潤を獲得しようというのである。ポルトガル国の東洋（インド）進出の最も大切な要《かなめ》である。

アニマ（霊魂）は、ポルトガル国王の崇高な精神的使命である。彼らのインド進出を、「第二の十字軍」であると一部の学者がいうのは、この意味においてである。しかしこれは表面上の皮相な考え方にしかすぎない。彼らは八世紀の初めイベリア半島に進入して支配したイスラムに対し、約三〇〇年間におよんでレジスタンスを継続し、やっと一〇九五年に独立できた国である。ヨーロッパ、アフリカ、インドにまたがって勢力をふるっているイスラムの打倒こそ、彼らの国是《こくぜ》であって、覇権《はけん》をにぎる唯一の道である。このことは同時に、自分たちの信奉する神の栄光を、アフリカとアジアの民衆に知らしめることである。そしてまたスパイス取引の支配ができる。彼らのキリスト教の布教の目的はここにある。幸田先生は、これがいつのまにか忘れられて、スパイス一辺倒すなわち商業利潤の追求だけとなってしまった。それはインド渡来のポルトガル軍人、僧侶、商人の腐敗・堕落《だらく》から生まれたといっている。しかし幸田先生は、キリスト教の布教を精神的な崇高なものとして考えておられるようである。私はイスラム勢力打倒のための布教であったと考えたい。キリスト教の布教は手段であって、スパイス支配のためであった。

ここに一言を加えたい。アニマとスパイスは車の両輪である。その軸となるものが、ともすれば忘れられている。軍事力である。大艦船（ナウ）と大砲と銃剣である。進歩した陸海の火砲（ガン・パウダー）と組織的な軍事力（ミリタリズム）のもとに、かたや十字のクルスをかかげ、かたやヨーロッパ向けスパイスの独占支配である。この両輪は、軍事力と三位《さんみ》一体となってはじめて達成される。そしてすべては、神の御名をあがめ奉るアーメン（So be it, ――かくあれかし）である。

保存肉や魚に必需品――伝染病の予防薬と胃腸・肝臓の妙薬

十五世紀から十七世紀にかけて「胡椒、丁香、肉荳蔻、肉桂」の四つを中心とするスパイス（香辛料）が、ヨーロッパで熱狂的になくてはならないものとされていた。十六世紀のポルトガル人とイスパニア人、十七世紀のオランダ人とイギリス人の南アジア進出の最大の目的は、「スパイス」の獲得であった。スパイスすなわち香辛料の支配が、彼らの大航海の使命である。これは動かしがたい事実であった。新大陸アメリカと太平洋諸島の発見とともに、世界の歴史の流れを大きく方向づけたのである。

ではなんでスパイスが、そのような絶大な力を発揮した根元となったのだろうか。十六世紀の初め、胡椒を中心に全ヨーロッパに輸入されていたスパイスの約七三パーセントは、ドイツ、イギリス、オランダなど北部ヨーロッパの消費であった。この地方の食生活は、塩漬けの肉類、種々の野鳥類、色色の塩乾魚類である。牧畜を中心とする農業と毛織物工業に依存する彼らの生活にとって、牛と羊などの飼料である牧草を一定量保持することは、絶対的に必要である。ところが現代のようにサイロ（冬、青草などの不足に備えて、飼料をなまに近い状態で貯蔵するために円筒形に作った倉庫）などの施設が発達しない時、飼料である青草をなまに近い状態で一冬貯蔵することはなかなかうまくゆかない。この地方の冬はきびしくて長い。だから秋から冬に入ると、牛や羊の大部分を殺し、飼料に相当するだけに制限しなければならない。ある意味では至上命令である。皮や毛はそれぞれの用途にあてるとしても、肉は塩漬けにして保存食にあてる以外に道はない。それから北海の漁業によるサケ、マス、タラ、ニシン、イワシなどの塩乾魚がある。また種々の野鳥類もあるが、保存は塩である。どれも塩分を相当以上にきかしても、時日がたつと臭くて腐敗臭ふんぷんである。動物の脂肪類とオリーブ油だけではごまかせない。防腐力が強くて、食欲をそそる辛辣さと香味と特異な味のあるもの、そしてこれらの塩乾物とよくマッチする（つり合う）ものが是非必要である。これがスパイスである。スパイスを加味することによって、彼らの塩漬けの、肉、鳥、魚類は腐敗をおくらせ、味は生気をとりもどしてくれる。動物の脂肪とオリーブ油も、本来の油臭さを消して味を増してくれる。日常の食卓で、食欲をそそり、消化を助け、色々の味のニューアンスが香味の上から楽しめるようになる。

それから今日では想像もできないような伝染病の大流行である。天然痘、黒死病、コレラ、チブスその他が都市と農山村に蔓延《まんえん》して、大多数の人びとが死んだ。中世から近世の初めまで、これらの悪疫は悪風がもたらすものと信じられていた。この悪風は悪臭であるから、これを退散させるものは辛辣な刺戟の極めて強力な匂いである。というわけで、防疫剤として、最もよく効《き》くのが胡椒であると信じられた。ある町が伝染病にやられると、町全体に胡椒を散布し、要所要所で胡椒を盛んに焚いてくすべたという。はなはだもって眉唾《まゆつば》物のようだと皆さんはいうだろうが、当時は胡椒こそ最上の予防薬であると信じられていた。信じられていることほど強いものはない。また胡椒を筆頭にして、丁香、肉荳蔻、肉桂はそれぞれ薬物であったのである。

次に四つのスパイスの香味と効能をわかりやすく表示しよう。

品名	香味	薬効			
胡椒	hot で bite で sharp な辛辣さ	鎮痛、解熱	防腐力	消化助長、食欲増進	強壮

丁香	焦げつくような熱性の辛さで、pungent	胃腸、肝臓、歯痛	防腐力最大	〃	強精催淫
肉荳蔲	コーヒーとカカオの香味	胃腸、肝臓	防腐力	〃	強精
肉桂	爽快な甘味と刺戟と薬臭	内臓諸器官を温める	〃	〃	強壮

気をつけてもらいたい。肉荳蔲（ナツメッグとメース）は、コーヒーとカカオが普及する以前の、この系統の香味を与える唯一のものである。特にケーキ類と飲料になくてはならない。現在でもなおそうである。丁香は防腐力が一番強く、焦げつくような熱性の辛さは、塩漬けの肉と鳥と魚にうってつけである。甘いと辛いと、どちらの料理にも最適で、特に牛や羊の肉は、丁香と肉荳蔲によって初めて生気を与えられる。そして催淫力があって強精剤である。これは古今東西に共通して用いられた根元である。ヨーロッパの食生活では、特にこの丁香が最も大切なスパイスであった。

終りに忘れてならないのは、丁香と肉荳蔲は、胃と腸と肝臓の妙薬であると信じられ用いられていたことである。信心だけではない。古く原産地方であるマレイ諸島の住民、中世のイスラム系の諸民族、そして十五、六世紀のヨーロッパ人に、十分な効力がある妙薬として認められていた。今日でも胃腸、肝臓の薬品のなんと多いことだろう。ちょっとマスコミに気をつけてもらえばよくわかる。微妙な甘辛《あまから》さと刺戟と香味（香と臭）は、食物を生かし、食欲をそそるが、これは人間の大切な内臓の妙薬である。そして精力剤である。バイタリチー（生命力）充実の根源こそ、スパイスであると信じられたのである。平凡なことのなかに真実と現実はあった。

ところがである。胡椒はインドとスマトラ、ジャワに、肉桂はスリランカにあっても、丁香と肉荳蔻は、インドネシアの最も奥地で、十四世紀までテラ・インコグニタであったモルッカとバンダの小島以外にはどこにも出ない。これを獲得するためには万難を排し生命を賭《と》して渡海しなければならない。

インド進出をもたらす——特に丁香は莫大な利益

古く「武士は食わねど高楊子《たかようじ》」とか、江戸っ児は「宵越《よいごし》の銭は持たぬ」などといって、清貧に安んじ、あるいは将来のことをくよくよ考えないと自慢したものである。それはともかくとして、ともすれば銭や数字を軽んじる気風が一部の人たちの間にあった。しかし現代はそうではない。

十六世紀のヨーロッパ人がインド（東洋）に進出したのは、彼らに絶対必要であるとされていた「スパイス」のためであった。では彼らの必要としたスパイスの数量は、一体どれほどだったのだろう。南アジア全体の生産量の何割を占めていたのか。数量と金額の双方から考えてみよう。その方が長たらしい議論より、端的に事実を語ってくれる。

まず十六世紀の初め、南アジアの胡椒、丁香、肉荳蔻の年生産量と全ヨーロッパの需要量を表示しよう。（数量は概算である。肉桂をあげていないのは、インドとスリランカの産額が不明だからである）

品名	地域	年産(トン)	%	ヨーロッパの需要量(トン)
胡椒	南インド	四〇〇〇	九〇	一六〇〇
胡椒	スマトラ西北	三五〇〇		
胡椒	マレイ、ジャワ	五〇〇		
丁香	モルッカ	八〇〇	九	四〇〇
肉荳蔲	バンダ	一〇〇	一	五〇
計		八九〇〇	一〇〇	二〇五〇

この表でわかるように、南アジアのスパイス年生産量では胡椒が九〇パーセントを占めている。全ヨーロッパの必要とする胡椒はインドから積み出されている。インドでは、胡椒を西南アジア、レバント、アフリカとヨーロッパに供給しているから、インドの産出だけでは不足をきたし、この不足分をスマトラ西北部の供給にあおいでいた。当時、中国はスマトラ西北部、マレイ、ジャワ（スンダ）から、年約二〇〇〇トン内外の胡椒を買付けている。全ヨーロッパ以上の量であって、南アジアのスパイス年産全体の量の二二パーセントを占めている。全ヨーロッパのスパイス年需要量は、スパイス全生産の二三パーセントである。

次は金額である。十六世紀初め南インドのカリカット市場値段で、胡椒の値段をトンあたり一〇〇とすれば、丁香は二六〇、肉荳蔲は一〇〇である。そして原産地の値段とくらべれば、胡椒は原産地より少々高い程度、丁香は原産地モルッカの三〇倍、肉荳蔲は原産地バンダの二五倍である。

この値段の指数を南アジア全生産量の各々と、ヨーロッパの各需要量に乗じると次のようなことがわかる。(ここでは乗数を示す計算表を省略する)

△全南アジアのスパイスは、取引の総金額から見ても胡椒が八〇パーセント近くである。

△ヨーロッパ側のスパイスに対して支払う全金額の六〇パーセントは胡椒に対してである。丁香と肉荳蔻は、量の上では全ヨーロッパ需要量の二二パーセントであるが、支払い金額では四〇パーセントとなっている。

スパイスの取引は、インドのイスラム系商人と東南アジアのマレイ人、ジャワ人が掌握している。特に丁香と肉荳蔻は、マレイ人とジャワ人によってマレイ半島のマラッカに将来され、ここからイスラム商人によってインドのカリカット市場その他に送られていた。

ヨーロッパ人の最も切望する丁香と肉荳蔻は、胡椒以上にヨーロッパで利益をあげるものである。十六世紀の初めインドで、原産地の二五〜三〇倍の値段で買入れていた。それでもヨーロッパに輸入すれば莫大な利益があった。だからもし原産地で直接獲得することができれば、べらぼう以上の利益であることはたしかである。

そのためには、まずインドで胡椒を手に入れる。それから万難を排し、どんな犠牲を払っても丁香と肉荳蔻の原産地であるモルッカとバンダへ渡海する。あわよくばこの二つの小島を占領して、二つのスパイスの支配を確実なものにする。これがヨーロッパ人のインド(東洋)進出である。

ポルトガルの支配挫折――丁香・肉荳蔲の獲得、意の如くならず

アフリカ大陸南端の希望峰を迂回して、東アフリカのメリンデから一路インド南部のカリカットに、バスコ・ダ・ガマが到達したのは一四九八年五月である。彼は胡椒を満載して帰国し、ポルトガル国王は、「インド、ペルシア、アラビア、エチオピアの通商航海を支配した偉大な征服者」という称号を彼に与えたという。たった一回の航海で、広大なインド洋に面する諸国の通商航海を支配したとはあまりである。インド洋を中心とするイスラム系諸国と、イスラム商人の活躍と実態を知らなさすぎることにもほどがある。しかし海洋国家としてのポルトガル国王の意気には、あたることのできないものがあった。知らないということは強いものである。

一五〇二―三年のガマの第二回インド遠征航海につづいて、彼らは次々に船隊を派遣したが、一五〇九年にインド総督となった豪勇・残忍無類のアフォンソ・デ・アルブケルケは、一五一〇年にゴアを占領してインド支配の根拠地とし、

(イ) 南インドのイスラム勢力に打撃を与え、彼らのペルシア・アラビアとインド間の航海をシャット・アウトし、胡椒の中心であるマラバル海岸の支配を計るため、一五一三年には紅海入口のアデンを、一五一五年にはペルシア湾入口のオルムスを占領する。こうしてインドの胡椒が、ペ

ルシアとアラビアを経由してヨーロッパへ流れこむのを遮断する。

(ロ) 次に一五一一年には、東南アジア通商貿易最大のキー・ポイントであるマラッカのイスラム王国を攻撃して占領する。それから早速、数回にわたって丁香と肉荳蔻の原産地であるモルカッとバンダへ遠征隊を派遣し、一五二〇年にはモルッカ諸島中のテルナーテ島を支配することに成功する。

こうしてアフリカの南端から「東アフリカ沿岸→インド沿岸→スリランカ→マラッカ→モルッカ」にかけて十九ヵ所の拠点を作り、重要拠点に城塞を築造し、広大な大海洋を点（城塞と拠点）と線（海路）で結び、本国のリスボンと直結させた。すべてはインドの胡椒と、モルッカとバンダの丁香、肉荳蔻支配のためであった。

では十六世紀の初め、彼らが支配したスパイスの実態はどうであったろう。全ヨーロッパの需要量の七〇パーセントを送ることができた時が、彼らの黄金時代であった。それを次に表示しよう。（単位はトン）

	全ヨーロッパの需要量	ポルトガルが支配できた最高量	上のパーセンテージ	値段の点からのパーセンテージ
胡椒	一六〇〇	一一〇〇	七八	五九

丁香	四〇〇	二八〇	二二	四一
肉荳蔻	五〇	三五		
計	二〇五〇	一四一五	一〇〇	一〇〇

スパイスは全量一四一五トンである。これは南アジア全体のスパイス年生産量八九〇〇トンの一六パーセント弱である。南アジアでは、胡椒が量的には全体の九〇パーセントを占めている。ポルトガルだけでも、量の上からは胡椒が七八パーセントである。インドの胡椒を支配したと口では言っても、全アジア胡椒年産八〇〇〇トンに対し僅か一一〇〇トンである。一四パーセントにしかあたらない。これで胡椒取引を支配したとはいえない。

次に丁香と肉荳蔻は、彼らが支配したスパイス全体の量の中で二二パーセントである。しかし前に記しているようにインドのカリカット市場におけるスパイスの値段からみると、金額の点ではポルトガル人が支配したスパイス総金額の中で、丁香と肉荳蔻は四一パーセントを占める。この二つは量はすくなくても、値段は高い。しかもこの場合の原価は、すでに原産地値段の二五~三〇倍であった。だから丁香と肉荳蔻を原産地で獲得すれば、量はすくなくても、胡椒に数倍する利益がある。驚嘆に値いするどころではない。

アルブケルケが、ゴアから西はアデンとオルムス、東はマラッカからモルッカとバンダへと東西に遠征し、強奪を実行したのは当然である。アデン（紅海）とオルムス（ペルシア湾）の占領は、胡椒の西方流出を遮断するためである。モルッカとバンダは、丁香と肉荳蔻の独占支配のためである。ある学者は、これをもってポルトガルは南アジアのスパイス取引を支配したという。思いあがりもはなはだしい。実際を知らなさすぎる。数量では全南アジア生産量の一六パーセントである。金額では、インドのカリカット市場の値段からであるが、全アジア取引総額の一八パーセントである。この実態から、アジアのスパイス取引のヘゲモニーを握ったとは、どうしてもいえない。

終りに全ヨーロッパ需要量の七〇パーセントを彼らの力で掌握するためには、広大なインド洋の海上支配と、主要な拠点の確保が絶対に必要である。人口一〇〇万といわれるポルトガルが、アジアに派遣することのできる軍人の数は知れたものである。海軍力にしても同じ。アフリカ、インド、東南アジアの広大な海洋を支配するための艦船は、相当以上の隻数でなければならない。しかしポルトガル本国にとっては、とてもできないことである。

そして東南アジアの中心であるマラッカは、マラッカ海峡、スマトラ西北、ジャワ各地のイスラム勢力から常におびやかされ、ねらわれている。これに対抗するマラッカ陸海の防備はしれたものである。マラッカの要塞をかろうじて保守することだけである。まして遠くモルッカとバンダまで手を伸ばすことができようか。一時的にはモルッカ諸島中のテルナーテ島を支配しても、長つづきはしない。モルッカとバンダの丁香と肉荳蔻の支配は、ポルトガル人渡来以前の旧に復してジャワ人とイスラム商人のにぎるところとなる。こうしてポルトガルのスパイス支配は、彼らの利益の半分以上を占める丁香と肉荳蔻の獲得が意の如くならないことから挫折するのである。

日本では信徒が増える――スパイスからアニマへ

十年ほど前の六月に私はインドで、ポルトガル人のアジア支配の中心であった「栄光のゴア」を訪ねた。旧ゴアの廃墟の中に、フランシスコ・ザビエー聖人（一五〇六―一五五二年）の御遺体を祭った教会堂がある。金色燦然《こんじきさんぜん》とした御柩《ひつぎ》の中で、聖人の御遺体は生前そのままであると伝えられ信じられている。

聖人はイグナティウス・ロヨラから、「人全世界を受けるとも、もしそのアニマ（霊魂）を失はばなんの益があろうか」という『バイブル』の一節を教えられ、深い感銘を受けた。彼はロヨラを中心とする七人の同志とともに、一五三四年八月に「貧窮、童貞、巡礼」の三つの誓いを立て、耶蘇（イエズス）会を創立した。彼らのイエズス会は、旧来のカトリック諸宗派の腐敗堕落に飽き足らず、蹶然《けつぜん》として立ち上がった極めてミリタリスチック（軍国主義的）な強力なムーブメント（行動派）であった。

ポルトガル国王ジョアン三世は、アジアにおけるポルトガルの空気を一新するため、ザビエー聖人の協力を懇願した。聖人は一五四二年五月にインドに到着し、一五五二年十二月に広東入口の上川島《サンシャン》で昇天するまで、インド、マラッカ、モルッカ、日本と布教に専念したことは、有名なことである。聖人自身は、イエズス会の本分を体して、聖なる教えを広めるという行動以外のなにものでもなかっただろう。だから御遺体は、今日もなお生前そのままであると信じられている。

しかし、である。ポルトガルは一五一〇年代にインドのゴアを中心として、西はペルシア湾入口のオルムスと紅海入口のアデンを、東はマレイ半島のマラッカと遠くモルッカの一部を占領し、各拠点を要塞とし、それらの拠点を海上のラインで結ぼうとしたのである。このために、彼らは陸海の軍事力が唯一のたのみであった。しかし広大なインド洋から東南アジアの海上にかけて、点と線で支配力を保持することはとうていできない。そのころ人口一〇〇万であったという国家としては、軍事力の不足は人口の数からいっても明々白々である。彼らに最も利益を与えてくれるモルッカのスパイスの独占支配はおぼつかない。インド本土でも、南部の胡椒を手に入れるのがやっとのことである。そこで考えたのが、彼らの拠点を中心として、原住民にカトリシズムを伝え、軍事力の不足を補うことである。こうしてザビエー聖人を先達とするアニマの布教が開始される。ザビエー聖人はそう意識されていなかったとしても、ポルトガル国家の大方策はここにあった。軍事力を軸とするスパイスの支配とアニマの弘布は、軍事力の不足から、強力なアニマの布教とスパイスの支配へと向いてくる。すべては「スパイスのためのアニマ」である。

では一体どれ位のキリスト教徒ができたのだろう。ザビエー聖人の昇天から五〇年後の十六世紀末のことである。

東アフリカのソファラから日本にかけて、約五五万人内外の信徒があったという。インドではゴアが五万人、胡椒の産地マラバル海岸が一三万人、肉桂のスリランカが三万人、そしてゴアから北部にかけて約一万五千人であるから、約二二万ないし二三万人である。

東方アジアでは、丁香と肉荳蔻のモルッカとバンダが二万人、マカオが三千人、そして日本が三〇万人である。

全信徒の四六パーセントがインド、スリランカ、モルッカで、五四パーセントは日本である。肝心なスパイスの産地より日本の信徒の方が多かった。日本にはスパイスは全くない。これには極めて安価な銀が豊富であったことと、当時の日本の戦乱に明けくれしていた不安な社会情勢など、別に語らねばならないことがある。しかしこの問題についてここではふれないでおくとすれば、ポルトガルの国是である「スパイスのためのアニマ」は目的を果していないこととなる。軍事力の不足を補うどころではなかった。

国公立大共通一次試験の「世界史」に出題された「香料」（エピローグ）

（昭和五十五年）一月十四日の朝、なにげなく新聞をあけると、昨十三日の国公立共通一次学力試験問題と正解がのっている。ふと「世界史」を見ると、三問中、一は香料のことである。問題に正解をはめこんで紹介しよう。文中の□内は正解を記入したのである。

A　西方世界で古くから嗜好《しこう》されてきたペパー（胡椒《こしょう》）は、もともと古代インドのサンスクリット語で長胡椒をあらわすピッパリーという言葉に由来するといわれている。胡椒は、インドの西北部からシリアを経る陸路で西方に運ばれていき、一世紀ごろのローマの人々にとっては、ぜいたく品の一つであった。だが、この交通路の途中にはパルティアが存在して貿易の中間利益を搾取した。そのため、人々は中間搾取を避けようとして海上貿易を営んでいくが、この中継地点として有名なのがプトレマイオス朝の首都アレクサンドリアである。貴重品であった胡椒の輸入が増大するにつれて、支払いのために金貨や銀貨が流出した。南インドでは、考古学的発掘によってしばしばローマ貨幣が発見された。これは一世紀から三世紀にかけての、アーンドラ朝支配下の海上貿易の活発さを物語っているものである。

B　五世紀以降、シリア周辺の政情が不安定になったため、従来の陸路は変更されて、インド洋から紅海に入ってエジプトへ出る道を取ることが多くなった。このため、通商路にあたるメッカの商人たちは大きな利益を占めた。イスラム教の世界史への登場は、こうしたアラビア半島諸都市の勃興《ぼっこう》を背景にもっている。その後、イスラム教徒による国際貿易活動は華々しく、一三二五年から四九年ごろにかけて、アフリカ〜インド〜中国を旅行したイブン＝バトゥータもスリランカの肉桂生産について記述を行っている。東南アジアのモルッカ諸島は、香料諸島と呼ばれるほど有名な香料の産地であった。一四〇三年に成立したマラッカ王国にはイスラム教が浸透したことがよく知られているが、その港は、このような東西貿易の中継地点として繁栄した。香料は、ここから各地を経て西方世界へ運ばれていったのである。

C　中国では、ペルシア商人による貿易活動が活発であったためか、五〜七世紀ごろには、香料の多くはペルシアに産すると考えられていたという。六七二年に中国からインドに入った義浄も、彼らの貿易航路を利用した。やがて中国は、香料の一大消費地になっていった。元代の中国最大の貿易港泉州における胡椒の輸入量は、同時代のヨーロッパのそれをはるかに超えていたことが記録されている。中国でも時代が下るにつれて海外発展の気運は高まり、鄭和のひきいる船隊は、遠くアフリカ東海岸にまで進出した。

一四九八年、南インドのカリカットに到着したバスコ＝ダ＝ガマは、キリスト教と香料とが来航の目的だと告げたという。この時からポルトガルの貿易活動が始まる。ヨーロッパ諸国は、アンボン（アンボイナ）島事件によってオランダとイギリスが争ったように抗争をくりかえしつつ、東方貿易の利益を求めておのおの東インド会社を経営していくのである。

（問題中、文の横に……線を引いたのは山田である）

＊　＊

私は四十数年来、いや半世紀近く、熱帯アジアに原産した香料の伝播史研究に専念しているものである。香料が世界史の流れを大きく左右した事実を、出題者（あるいは委員会かもしれない）は認められたのだろう。そして年代上から見てゆくと、次の三点にしぼられる。

(一) 紀元前後のローマ人のインド洋渡海。ヨーロッパ人のインド進出である。

(二) 中世イスラムの勃興と、彼らのインド洋からシナ海への海上活動。スリランカの肉桂の発見と、十五世紀マラッカ王国の活躍。モルッカ諸島のスパイスがマラッカから西方世界へ運ばれたこと。

(三) 中国とペルシアの繋がりの深かったこと。中国・宋代の胡椒の消費量は、ヨーロッパのそれをはるかにしのいでいたこと。中国船の南海進出。

十六世紀ポルトガルのインド進出と、十七世紀イギリス、オランダの抗争と二つの東インド会社のこと。

なんのことはない。私の半世紀近くの香料史研究の重要なポイントが手ぎわよく網羅されている。私は敬意を表するとともに感心せざるを得ないのである。

この問題が適当であるのかどうか。私は大学の入学試験に関係のない野人であるから、云々する資格はない。ただ前にあげている問題の文に三ヵ所……線を引いている。それについて一言しよう。

(イ) 十四世紀前半のイブン・バトゥータは西方の人としてスリランカの肉桂を初めてあげている。しかし彼のころ、この島の肉桂は野生であった。栽培されていない。肉桂は肉桂樹の皮をはいで乾燥して製作されるものであるが、この作業もまだ行われていなかった。土人が野生の肉桂樹を山中から伐り出して河岸に放置しておくと、インド本土からやってきた人びとが土地の支配者にいくらかの贈答品をおくって、無代で島から運び去っていたのであった。

問題では「肉桂生産についての記述」とあるが、「生産」という字は、私にはどうも正確には受けとれない。バトゥータ旅行記の原文を読まれるならば氷解しよう。

(ロ) 次に、香料はマラッカから各地をへて西方へ送られたという点である。この香料をモルッカ諸島のスパイスすなわち丁香と肉荳蔻とすれば正確である。しかし問題のCには「香料」という字が三カ所ある。この場合の「香料」はモルッカ諸島の香料(スパイスすなわち丁香と肉荳蔻)だけではない。東南アジア、インド、西南アジアに産出した各種の香料を指している。出題者は、十五世紀から十八世紀にかけてヨーロッパで、せまくスパイスすなわち香料であるといっていたことから、問題Bの終りではそうとっておられる。モルッカ諸島の香料(丁香と肉荳蔻)が、マラッカから西方世界へ送られたのは事実である。しかし現代以前の香料は「焚香料 incense、香辛料 spices、化粧料 cosmetics」の三つにわかれ、スパイスは香料の一部門である。例えば胡椒もスパイスの一種である。だから問題Bの香料とCの香料では全く意味を異にしている。問題Bの香料はスパイスである。問題Cの三カ所の香料は、香料全体すなわち焚香料、化粧料、香辛料の三つを総称している。入学試験としては、問題にならないといわれるかもしれないが、その道の碩学であられる出題者に留意を願いたい。

(ハ) 終りは、十三世紀、中国の胡椒輸入量がヨーロッパより多かったことが記録されているということである。私の知る限りでは十三世紀末のマルコ・ポーロが泉州港で、

キリスト教諸国(ヨーロッパ)の需要を満たすために、アレクサンドリアその他の港へ一隻の

船が胡椒を積んでゆくならば、泉州へはその百倍も輸入される。

といった話だけである。私が精査したところでは中国側の資料には発見できない。またその前後のイスラム側についても同じである。「百万のマルコ様」の話はおぼろげながら事実を伝えているが——ただし百倍も輸入されるという数字そのままではない——「記録されている」というからには、ポーロ以外にもっと適切な史料があるのだろうか。切に教示をいただきたい。

以上は私の気づいたところを記したまでで、試験問題自体を左右するものではない。私にとって実にありがたいのは、私の「香薬東西」のエピローグとして、まことによく概観してくださったことである。

第二部　香辛料（スパイス）の世紀

一　スパイスで覇権を握り、スパイスで没落したポルトガル

胡椒（スパイス）と軍事力（ミリタリズム）と霊魂（アニマ）

スパイスはべらぼうに高価である

古く西トルキスタンのアラル海付近に居住していたトルコ族の一部は、十一、二世紀に小アジア地方へ向って移動したが、アジアとヨーロッパにまたがっていた元（モンゴル）帝国の分裂に乗じ、十三世紀の前半には小アジアを占領してオスマン・トルコ国を建てた。彼らはやがてバルカン半島に侵入し、一四五三年にビザンチン帝国の首都コンスタンチノープル（イスタンブール）を占領して、バルカン半島と小アジアを領有する大国となった。こうしてペルシア湾入口のオルムスからペルシアとメソポタミアを通じ、コンスタンチノープルに達する東方アジアの商品は、すべてオスマン帝国に重税を課せられることになる。ベニスを主とするイタリアの商業都市は、この国と極めて不利な通商条約を結んで、かろうじて貿易を営むことができる。だから彼らはエジプトのカイロに向ってアジアの物資を求めたので、インドからアデンと紅海を経由してアジアの物資はこの地方へ流れこむようになった。ところがエジプトからイ

スラエル、レバノン、シリアの海岸地帯はそのころマムルーク朝の支配下にあって、イスラムの勢力圏であることに変りはなかった。そして十三世紀以前の「ペルシア湾→バグダード→シリア」を通じていた時代より、スパイスの値段は三分の一以上も高くなった。アデンのアラビア商人とカイロのマムルークのサルタンの中間搾取が、べらぼうであったからである。マムルークのサルタンは、キリスト教徒が彼らの領内を旅行し、あるいは彼らの領土を経由してインドへ渡海することを禁止していた。ヨーロッパ人に対して「竹のカーテン」をはりめぐらしていたのである。このようにオスマン・トルコとエジプトのどちらを通じたとしても、アジアの物資とくにスパイスはすこぶる高価である。にもかかわらず十四世紀以後、中部と北部ヨーロッパのスパイスの需要は増大するばかりであった。塩漬けの牛羊肉や野鳥と塩乾魚など、すべてスパイスがなければ食べられない。それから当時大流行の天然痘、ペストなど、悪疫の唯一の予防剤は胡椒である。また丁香と肉荳蔻は胃腸・肝臓の妙薬である。肉と塩乾魚の保存と味つけの必需品——伝染病の防疫剤と妙薬である。なくてはならない。(このことについては本書の九八頁を見てください)彼らヨーロッパ人の食生活が向上してくると、これと並行してスパイスが必要である。特に十五世紀から十六世紀初めにかけて、この傾向はいちじるしくなってきた。次に当時のヨーロッパにおける胡椒の年間消費量を表示しよう。

この表は大体十六世紀初めの事実と見てよろしいが、胡椒全需要量一六〇〇ないし一八〇〇トンのうち、二七パーセントは南ヨーロッパで、残りの七三パーセントはフランドルからドイツと北方諸地域の消費である。北部ヨーロッパの食生活が急激に変化したため、胡椒の大需要となったのであるが、

地方名	コンラット・ロートの推定 キンタール	コンラット・ロートの推定 トン	ケレンベンツの推定 キンタール	ケレンベンツの推定 トン
ポルトガル	一五〇〇	九〇	三〇〇〇（ポルトガル・スペイン）	一八〇（ポルトガル・スペイン）
スペイン	三〇〇〇	一八〇		
イタリア	六〇〇〇	三六〇	二〇〇〇	一二〇
フランス	二五〇〇	一五〇	三〇〇〇	一八〇
イギリス	三〇〇〇	一八〇	—	—
フランドル	一二〇〇〇（フランドル・ドイツその他・北方地域）	七二〇（フランドル・ドイツその他・北方地域）	二〇〇〇	一二〇
ドイツその他				
北方地域			二〇〇〇〇	一二〇〇
	計二八〇〇〇	一六八〇	三〇〇〇〇	一八〇〇

（一キンタールを六〇キロとしてトン数を概算する）

丁香、肉荳蔻など他のスパイスの需要も、並行して増大している。なんとかしてより有利に、できるだけ安く、スパイスを獲得しなければならないと考えるようになるのは当然であろう。しかし北と西アフリカから近東地方、そしてペルシア、アラビアと東アフリカはイスラムの支配下にある。特にオスマン・トルコとマムルークは、ヨーロッパ人のスパイス需要熱の高まるにつれて、暴利をたくましくしている。スパイスの原産地インドへは手を伸ばせない。しかもインドを中心とする南アジアの通商は、これまたイスラムに握られている。残された道はただ一つ。海上遠くアフリカ大陸の南端を迂回してインド洋に進出し、端的にインドのイスラム商業権を打倒することだけである。

海洋国家ポルトガルのアフリカ大陸西海岸探険とインド洋調査

イベリア半島のポルトガルが独立したのは一〇九五年である。この半島は八世紀の初めからイスラムの支配下にあったが、彼らのため山岳地帯に追いこまれたキリスト教徒は、約三〇〇年間にわたってレジスタンスをつづけ、十一世紀の末にまずポルトガルが独立し、カスチールとアラゴンの両国が合併してスペインが成立したのはやっと一四七九年であった。ポルトガルは半島の西部、大西洋に面して国土はせまく、葡萄その他いくらかの農産物を出すだけである。フランス、フランドル、イギリスなどから織物、木材、金属を輸入し、葡萄酒、乾果、植物油、塩、塩乾魚などを輸出して、国民の生計を維持しなければならなかった。それで外国貿易に必要な船舶の製造、海事施設の拡充、輸出品とくに塩乾魚の生産増加につとめ、遠洋漁業に専念するようになってきた。ここに海洋国家としてのポルトガルが誕生したのである。しかし彼らが海洋貿易国家として自立するためには、地中海のイタリア貿易都市とアフリカ北海岸イスラム商業圏の二大勢力とまず対決しなければならない。

一〇九五年に独立したポルトガルの国是《こくぜ》の一つは、なによりもイスラムの打倒にある。その第一着手として、地中海入口のジブラルタル海峡に面する、イスラム最大の拠点セウタを占領したのは一四一五年であった。ここはイタリア商人とイスラム商人の、有力な市場である。そして北アフリカ沿岸と西アフリカ沿岸、およびその奥地であるサハラの大砂漠をこえて、スーダン、ギニアに通じるイスラム商業圏の根拠地である。ジブラルタル海峡を制して、イタリア商船の出口をふさぎ、彼らの大西洋進出を遮断することのできたポルトガルにとって、次にあるものは西北アフリカのイスラムである。

しかしセウタから内陸の西北アフリカへ侵入することはできない。小国ポルトガルの陸軍力ではどうにもならない。広大なアフリカ大陸沿岸の「竹のカーテン」は、そうたやすく突破できるものではない。セウタからはるか遠く内陸のスーダンからギニアは、黄金の大産出国である。のどから手の出るほどほしい。その通商経路はイスラムに押えられている。ヨーロッパ人の進出を永年代におよんで拒絶している。こうしてポルトガルは、有名なエンリケ親王(一三九四—一四六〇年)のもとに、未知のアフリカ西海岸の航海探険に乗り出すことになった。アフリカ本土を支配するイスラム勢力と直接対決することをさけて、あわよくば黄金の国にいたろうとするのである。神秘で未知のアフリカ大陸に、西方海上の沿岸づたいで、ゴスペル(gospel 神の福音)を伝え、ゴールド(金)を獲得し、グロリー(glory 栄光)を得て国威を発揚する。神の福音の弘布はイスラムの打倒につながる。金の獲得は海洋国家としてのポルトガルの富の充実である。彼らの海上発展の資本金として、欠くことのできないものである。

といって、まだ誰も知らない、行ったこともない、怪奇と不安に満ちた大海洋に乗り出すのは、なかなか普通では敢行できないことである。マディラ、カナリア諸島を探険して、ボジャドール岬に達したのが一四三四年である。そして一四四一年にオーロ川の川口に達したが、土人から少量の砂金を得たのが、彼らポルトガル人が西アフリカの海岸で、直接手に入れた最初の金であったという。彼らはこの川を「黄金の河」と名づけた。つづいて一四四三年にブランコ岬、一四四五年にベルデ岬に達し、一四四八年にはブランコ岬湾内のアルギン島にポルトガル人として西アフリカ海岸における最初の砦《とりで》を築くことに成功した。彼らの主として得たものは黒人の捕虜（奴隷）と海豹《あざらし》の皮であった。しかし「黄金の国」を探し求める念はつのるばかりである。十五世紀の四〇年代から五〇年代の二〇年間に、ポルトガルの船は続々とアルギンからネセガルへ向って行く。一四一五年のセウタ占領から、ここまで到達するのに四〇年を費している。しかし西端のベルデ岬を一四四五年にこえてからは、一四五〇年にシエラ・レオネにいたり、一四七一年にはギニアの南海岸エル・ミナに、七二年にはフェルナンド・ポーに砦を築くことに成功した。こうして彼らはニジェル河南部の黒人の国ペニンを一四八五年には支配し、ギニアの海岸地帯から初めて奥地の黄金の獲得に成功したのである。ギニアの海岸地帯を古い地図で、「黄金海岸、奴隷海岸、象牙海岸」の三つにわけているのはその名残りである。道は遠く幾多の困難を重ねたが、一四七〇、八〇年代には目的とする黄金は獲得できた。

話は変るが中世のヨーロッパでは、アジアあるいはアフリカのどこかにプレスター・ジョンという強大なキリスト教国があるという伝説が広まっていた。そして十四、五世紀に入ると、エジプトの南にあるエチオピアこそ、まさしくそれだろうと一般に信じられていた。十五世紀の七、八〇年代に西アフリカのギニアからコンゴに到達し、南進を続けてインドに渡海しようと計画していたポルトガル王ジョアン二世（一四八一―九五年）は、ペニンの臣下から内陸東方はるかの奥地に、多くの黒人酋長を支配している金に富むオガネという偉大な王国の存在を聞いた。彼はこれこそ伝説上のエチオピアにあるという、プレスター・ジョン王国にまちがいないという推定目標を立てたのである。そこで彼はエジプト南方にあるエチオピア王国を探険するため二つの計画を立て、実行にうつした。

(一) 国王は一四八七年にペロ・デ・コビリアンとアフォンゾ・デ・パイバという二人の、イスラムの言語、風俗、習慣に精通した人物を、中近東からインドへ派遣することにした。二人に与えた国王の指令は、

エチオピアにあると信じられるプレスター・ジョンの国を発見し調査すること。それから近東地方からベニスに送られてくるスパイスは、どこで産するのかをたしかめること。

であった。

二人のスパイは、一四八七年五月にリスボンを出発し、バルセロナからイタリアのナポリに渡り、ロードス島を経由してアレクサンドリアに潜入することに成功した。イスラム商人になりすまし、カイロからシナイ半島のトロに行き、船で紅海入口のアデンに着いた。ここで二人はわかれ、パイバはプレスター・ジョン王のエチオピアを目ざし、コビリアンは便船を得てインド南部のマラバルへ渡航した。もちろん両人は、後日カイロでおち会う手はずをきめていた。

コビリアンは、マラバルのカリカットで大量の胡椒とジンジャーがこの地方に産するのを知り、肉桂と丁香は遠い他国からこの地方に集散していることを耳にした。それから彼はゴアをへてペルシア

湾入口の大貿易港オルムスに渡り、東アフリカ沿岸の商況の盛大なのを聞いて、イスラム商人にまじり、遠く東アフリカ海岸南部のソファラまで渡った。ここで彼は東アフリカの海岸は、その終り（南端）はまだよくわかっていないが、とにかく航海できること、また月の島（マダガスカル）という広大で資源に富む大島のあることを知った。こうして彼は、西アフリカ海岸のギニアとコンゴから南へ南へと進めば、途中にまだよくわからない海域はあるが、東アフリカ南部のソファラあるいはマダガスカル島に到達できるはずである、ここまで来ればしめたもので、後は彼自身の体験によってモンバサあたりからインドへ渡海できることを知った。

彼はポルトガル人として最大のニュースをつかみ、ソファラからもとの航路をたどり、アデンから一四九〇年にカイロへ帰った。かねての約束に従い、エチオピアに潜入したいま一人のパイバと会うためであった。しかしそこには、パイバはエチオピア方面で死亡したという消息を持った別の人間が彼を待っていた。出発以来三年にわたって消息を絶った二人のスパイの動静を探るため、ジョアン二世から派遣された二人のユダヤ人は、王の新しい命令書を持参していた。いかなる犠牲を払っても、エチオピア国のプレスター・ジョン国王と連絡すべしという指令である。

それでコビリアンは、彼が三年にわたって見聞したインド洋沿岸各地の実状と、アフリカ大陸の南端を迂回してインド洋に出る航海の可能なことを、ポルトガル国王宛委細したため一人のユダヤ人スパイに託した。そして彼は、再度国王の厳命を奉じてエチオピアのプレスター・ジョン王に会うため、紅海を下りソマリーランドからエチオピアに入ったが、その後長く消息を絶ってしまった。

㈡　ジョアン二世は、以上の㈠の計画実行とは別に、ギニアとコンゴから南下してアフリカ大陸の南端を突きとめ、インド洋にいたる航路を発見し、南方海上からエジプトの南部にあると考えられているプレスター・ジョン王国の探索を計画した。

コビリアンとパイバの二人のスパイが一四八七年五月にリスボンを出発してからすぐ、同年の八月にバルトロメウ・ディアスは、この指令を受けて三隻の船でリスボンを出帆している。彼はコンゴへ直航し、その後は海岸線にそって南進を続け、十二月二十四日ごろ強大な嵐に出くわし、海岸から沖合に押し流されること十三日間、知らぬまにアフリカ大陸の南端を迂回し、風がおさまったときは、南端から約四〇〇キロ東方のモスル湾に入っていた。一四八八年一月の上旬のことである。そこから海岸線が遠く北東に向って走っているのをたしかめ、彼自身すでにインド洋の入口に達していることを知ったのであるが、グレート・フイッシュ河口に達したとき、食料は底をつき船員は疲労憔悴しきって、これ以上航海をつづけることはできなかった。彼はやむなくここから引き返し、南端の岬（すなわち後の喜望峰）をたしかめ、一四八八年十二月リスボンに帰帆した。

この二つの探険の成果を結び合わせると、アフリカ東海岸南部のソファラからモスル湾までがわからないだけで、その他は大体見当がついている。だから一四九七年七月八日にリスボンを出帆したバスコ・ダ・ガマの遠征は、このような調査をもとにして実行されたのである。それにしても、いささか見当を立てがたいのは、ポルトガル国王がエチオピアにあるというプレスター・ジョン国の探索に余りにも熱心なことである。興味本位と好奇心だけからだとは決していえない。スパイの一人コビリアンは、インドのスパイスの大産地の所在を突きとめている。これと並行してプレスター・ジョン王国は求められている。東方の未知のキリスト教大国である。これを発見し、修好を結ぶことは、東西の二大キリスト教国の存在を世界に知らせることである。またイスラム勢力の打倒に、そこまではゆかないまでも、大きな打撃を与えるものと考えたのだろうか。それからプレスター・ジョンの国王にカトリシズムを信奉させることは、他のなにものにもまさってポルトガル国王の信奉する神の栄光を弘めることである。ポルトガルの覇権を、アフリカ大陸からインド洋に浸透させる最善の方策と考えたのだろうか。インドのスパイスとともに並行して探索が実行されたことは、強力な考え方があったにちがいなかろう。

スパイス獲得と支配のため必要な二大条件——ペルシア湾と紅海の封鎖、マラッカの占領

ポルトガル国王がアフリカ大陸を迂回してインドに到達できるということを知ったのは、以上のように十五世紀末の七、八〇年代である。しかしこのことは、イスラム商人がアフリカ大陸周辺のほとんど、特に広くインド洋に通商活躍していたからである。そうするとアフリカ沿岸とインド洋のイスラム通商を征服することは、ポルトガル人の世界征覇を意味するものであろう。彼らがヨーロッパの遠洋漁業と海上貿易に専心しなければならなかったことは、遠洋航海に必要な大型船の建造、艤装と航海技術などに彼らを適するものとした。そして十五世紀の七、八〇年代には、多額の金が西アフリカのギニアから得られた。大航海に必要な資金はたっぷりある。彼らはインドへ前進できる。

バスコ・ダ・ガマの四隻の船隊が喜望峰をまわって東アフリカのメリンデに達し、イスラムの水先

案内を雇ってインド洋を横断し、あこがれのインド南部のカリカット沖に投錨したのは一四九八年五月二十日であった。翌二十一日、ガマは一人の隊員に二人のアラビア人を通訳として随行させ、上陸させた。彼らが上陸して土地の人から最初に尋ねられたことは、君たちはなんのためにやってきたかということである。隊員の一人は答えた。「私たちはキリスト教徒とスパイスを探し求めるためにやってきたのである」と。

ここで注意しなければならない。インドに上陸した最初のポルトガル人の言葉は、スパイスの探求であっても、キリスト教を土地の人に広めるということまで考えていなかった点である。彼らは国王の信念にもとづいて、東洋のどこかに住んでいるキリスト教徒とその国を探し出し、まず彼ら信徒と手を結ぶことにあった。エチオピアのキリスト教国プレスター・ジョン王国への探険は意の如くならなかったから、次はインドのどこかに、あるいは住んでいるだろうキリスト教徒を探し求めることである。しかしこのことは極めて甘い考え方であった。インドのどこにもキリスト教徒のいないことは、すぐわかった。

だからキリスト教徒を探し求めることから、それが駄目であるのがわかると、すぐにキリスト教の布教にとって変えられる。キリスト教の布教は、イスラムの打倒すなわち聖戦である。スパイスの獲得は「胡椒、肉桂、丁香、肉荳蔲」を中心とするアジア貿易の独占支配である。ポルトガル人にとってこの二つは車の両輪のように、どちらを欠いても成立しない。両者は強力な軍事力を軸として三位一体である。繰り返していうまでもないが、インドを中心にして、アフリカと東南アジアにつながる東西の海上通商を支配していたのはイスラム商人である。南アジアのスパイスは彼らの掌中にあった。ポルトガル人がアジアのスパイスを支配しようとすれば、彼らイスラムと対決しなければならないのである。ガマは多量の胡椒を満載して帰り、国王は彼に「インド、ペルシア、アラビア、エチオピアの通商航海を支配した偉大な征服者」という称号を与えた。たった一回の航海で広大なインド洋に面する諸国の通商航海を支配できたとは、あまりに思いあがりすぎ、実状を知らなさすぎる。しかし海洋国家ポルトガルの意気には、あたることのできないものがあったのも事実である。

こうして彼らにインド洋の世界がリスボンと直結して開けたが、インドの胡椒と同じくヨーロッパ人の最も欲するもの――それは同時にポルトガルにとって最も大きい利益を与えるもの――は丁香と肉荳蔻である。しかしこれは、インドネシアの最も奥地にあるモルッカとバンダの小島にだけしか産しない。だから彼らのインド進出は、モルッカとバンダ到達をもって目的を達することとなる。それにはまず二つの条件をなしとげることが必要である。

(一) ペルシア湾入口のオルムスと紅海入口のアデンを経由しないで、スパイスがヨーロッパへ送られる支配権を確立することが先決である。そのために、インドの西海岸、ペルシア湾、紅海と東アフリカ沿岸の各要港を封鎖しあるいは占領してイスラム船の航海を監視し、ポルトガル船航海の安全を計る必要がある。胡椒の大産地であるマラバル海岸を支配するためには、この海岸の重要な港を押えるとともに、従来胡椒の西方輸出をほとんど掌握していたインド西北部カンバヤのイスラム商人を排除しなければならない。このためポルトガル人は、ゴアとカンバヤのデューの二つの港を占領した。それからインド胡椒の最初の転送地であるペルシア湾と紅海の入口を制圧する必要がある。当時はエジプトのカイロを根拠地とするマムルークの海軍が、インド洋で勢力を持っていたから、この打倒をポルトガル人は計った。彼らはオルムスとアデンを占領し、一五〇八年にはインドとエジプト（マムルーク）の連合艦隊を撃破することに成功した。こうしてインドとポルトガル間の東洋航路の安全が保証されるとともに、スパイスをもって代表されるインド物資のペルシア湾と紅海への流れは遮断される。ポルトガルのリスボンはイタリアのベニスにとってかわり、ヨーロッパにおけるスパイスの独占輸入港としての地位を勝ち取った。エジプトのマムルークのサルタンはローマ法王に対し、ポルトガル人がインド洋各地で行った非道な行動の数々を訴え、緩和してもらえるようにと懇願した。法王はポルトガル国王と交渉したが、ポルトガル国王が問題として取りあげなかったところに、厳として動かないポルトガル国のインド政策の根本がある。

(二) 遠く西は「ベニスの死命を制する」といわれた、マレイ半島南端のマラッカは、インド、スマトラ、ジャワ、インドシナ半島、中国を結ぶ、東南アジアで最も重要な中心市場であり最大の貿易港である。ポルトガル人のあこがれのモルッカとバンダの丁香と肉荳蔲はこの港にまず運送され、ここからイスラム商人によってインドへ到達する。マラッカの占領によって、東南アジア海上中継貿易の利益の大半を奪うことができる。丁香と肉荳蔲のためにはなおさらである。マラッカはインドについで、ポルトガル人の進出しなければならないところである。

ポルトガル本国とインド間の航路の安全を計るため、一五〇九年にインド総督となったアルブケルケは、東アフリカのグァルダフイ岬の沖合いにあるソコトラ島を占領して紅海を封鎖し、マムルークの海軍を無力なものとした。翌一〇年にインドのゴアを占領し、アジアにおけるポルトガル支配の中心とすることに成功し、インド南部の胡椒の海上輸送を制圧した。次の一一年にはインド南端のコチンから一八隻の艦隊をひきい、スマトラ西北部のペディル、パセをへてマラッカの占領に向った。彼より早く一五〇九年にロ－ペス・デ・セケイラは本国の命令によってマラッカに遠征し、サルタンと通商の談判をしたことがある。マラッカ在住のカンバヤ商人が、ポルトガル人の目的は通商ではなくて占領であると忠告したため、サルタンは言を左右にして通商条約に応じないどころか、反対にポルトガル船隊攻撃の気配をさえ見せた。このためセケイラは、退却をよぎなくさせられたのである。アルブケルケは前回の失敗を繰り返さぬよう、十分な兵力と艦船をととのえ占領を決意していたから、サルタンの切なる嘆願があったにもかかわらず、断固として一五一一年八月に占領を強行してしまった。強奪と流血である。彼によって十五世紀初めからのマラッカ、イスラム王国は滅亡した。

東アフリカ、ゴア、マラバル、スリランカ、マラッカ、モルッカの拠点と海上ラインの支配

一四九八年のバスコ・ダ・ガマのインド到達から一四年目のマラッカ占領によって、ポルトガルのアジア進出の目的は一応達せられる。この目的をなしとげたアルブケルケの政策は、東アフリカ、アラビア、ペルシア、インド、東南アジアの各地の重要な拠点に城塞を築造して、ポルトガルの軍事力支配を強固なものとし、それによって海上の通商支配権を掌握することにある。城塞は沿岸の重要な港湾に造られ、各城塞を海上のラインで結ぶことで、本国のリスボンと直結する。すなわち本国との間の、通商航海の支配と独占を目的とする。彼らポルトガル人は、この城塞から外へは進出しない。沿岸の城塞である重要拠点からそれぞれ本土へ侵入して、植民地を建設するという行動は最初はなかった。城塞を中心とする地帯の確保と、本国と直結する海上貿易の独占支配だけである。彼らの目的は、彼らが必要とする商品、とくにスパイスのアジア海上通商の支配である。そしてこれは、ヨーロッパ向けスパイスの独占支配のための手段である。ヨーロッパ人がアジアで植民地支配を実行するようになったのは十八世紀初めからである。原料供給地としてのアジア、また製品販売地としてのアジアの存在が必要となってから、アジアの植民地支配が急速に展開される。それまでは、アジア各地と本国を結ぶ海上航路の確保によって、アジアからヨーロッパに送られる商品を独占支配することにあった。

城塞地帯の建設と海上ラインの確保は軍事力による。ポルトガル人にとって、軍事と商業すなわちスパイスの獲得以外にはなにものもない。イスラムの打倒すなわち神の福音の弘布であるアニマ(霊魂)は、軍事とスパイスに表裏するもので、軍事力を軸としてアニマとスパイスは車の両輪である。

ポルトガル人の城塞地帯は要塞を中心として、彼らの支配する地点であり居住地である。これは本国ポルトガルのスタイルで建設され、教会堂、兵舎、病院、学院そして風俗、生活などすべて本国のイミテーションである。いくらかちがうのは、そこに居住するポルトガル人が軍人、官吏、聖職者と若干の浮浪者であることである。そして大多数の居住者は、原地人とペルシア、アラビア、インド、東南アジア、中国など、アジア各地の商人と労働者である。彼らはポルトガル人の支配下に営々として生活していた。例えばポルトガル人はマラッカを占領するとサルタンのモスクを破壊し、この石材を利用して要塞を造り、山上にあったサルタンの宮殿は石造の教会堂となった。要塞の中には「総督府とその官邸、大僧正の住宅、礼拝堂、僧院、兵舎、各種の兵器倉庫、病院、学院」などが設けられた。官吏と軍人とキリスト教僧侶のためだけである。学院はキリスト教のセミナリヨで、現地人布教師養成のための学校である。これは軍事力の不足を補うための手段の一つであった。マラッカ以外の他の城塞でも、様式はほとんど共通である。城塞すなわち彼らの居住地域であり、ポルトガルの前進基地である。

本国と直結する海上通商の独占が、ポルトガル人最大の目的である。このためにはなによりも、イスラム商人の排除を断行しなければならない。イスラム打倒、すなわち軍事力を中心としたアニマの弘布である。「軍事力→スパイス→アニマ」の三つが一体となって強力に押し進められる。例えば東南アジアで古代から通商航海したインド人、中世の中国人とアラビア人、ペルシア人、そして十三世紀からのイスラムなど、すべて彼らが求めたものは通商上の利益である。彼らの宗教、文化、政治、風俗、生活様式などが広く深い影響を現地で与えたことはあっても、継続的そして計画的な軍事力の行使はすくなかった。ところが十六世紀のポルトガル人にあっては、軍事力と通商が表裏をなし、キリスト教の布教すなわち聖戦という美名の下でカモフラージュされ一体となって、イスラム商人と各地のサルタンあるいは支配者に対し、残忍非道な行為が平然として敢行された。

終りに一言しよう。ポルトガル本国は国土が狭小で人口もすくなく、アジアに派遣することのできる軍人兵士の数には限りがある。僅少の軍隊と官吏と布教者をもって、ヨーロッパ向けスパイス貿易の独占を維持しなければならないから、城塞居住地域では原地人との雑婚を奨励している。マラッカの要塞では占領後の一〇〇年めに、ポルトガル軍人二〇〇人、官吏三〇〇人であったが、ポルトガル系の混血人は約七四〇〇人であったという。そして最後の混血人がよく忠実にポルトガル勢力の保持につとめてくれた。インドでも同じであった。今日南アジア各地に、ポルトガル系の言語、習慣、風俗などがかなり広く残存しているのは、このようにして生まれた混血人の影響であろう。

ポルトガル人が支配できたスパイス

南アジアのスパイスの年生産量　十六世紀にヨーロッパで熱烈に求めたアジアのスパイスは、量の上からは胡椒を最大とし、肉桂、丁香、肉荳蔲の順である。ところが肉桂については、その生産量を知る資料がないようである。スリランカのシンナモンは十七世紀まで同島南半分の海岸地帯に鬱蒼《うっそう》と繁茂する野生の樹林で、ポルトガル人は原住民を酷使して獲得していたのが実際であったと思われる。またインド本土南部マラバル海岸の優良肉桂は、そのころほとんど取りつくされていたという。しかし野生肉桂の産出はなお相当量に達していたようで、十六世紀末のリンスホーテンは、マラバルの野生肉桂がスリランカ品と銘うって積み出され、ポルトガル国王の関税収入を増していたと伝えている。スリランカとマラバルの肉桂が、ともに優良なシンナモンと称し大量にリスボンに輸入されていたのであるが、その量はわからない。だから肉桂について私は言及することができない。

胡椒の年生産量については、前に十六世紀初めのトメ・ピレスの報告にもとづいて記しているからここに重ねてあげないが（本書七九頁）、結論として、

インドのマラバル約四〇〇〇トン、スマトラ西北部約三五〇〇トン、マレイ半島南部とジャワのスンダ約五〇〇トン、計約八〇〇〇トン

の年生産量であったと推定される。

次はモルッカ諸島の丁香である。丁香はジロロ（ハルマヘラ）島の西海岸にあるテルナーテ、チドール、モーチル、マキヤン、バチヤンの五島に主として産した。その年産出額には、次の三つの報告がある。（次頁の表に掲げる。単位はバハル）

当時丁香は栽培されていたのではなく、野生のままで、この数量は毎年の収穫量であり、また輸出量であった。島民は丁香を香料薬品として使用していなかったから、あげて島外に輸出されていたのである。ピレスは五島計六〇〇〇バハル前後、時にはそれから一〇〇〇バハル多い、あるいは少ないといっている。次のアタイデは三年毎の収穫の多い年を取っているが、最後のカリヨンは「豊作、不

島名	トメ・ピレス、一五一五年	トリスタン・デ・アタイデ、一五三四年	ファン・パブロ・デ・カリヨン、十六世紀半ば
テルナーテ	約一五〇〇以上	一五〇〇	一一〇〇→一二〇〇
チドール	〃一四〇〇	八〇〇→一〇〇〇	一〇〇〇→一一〇〇
モーチル	〃一二〇〇	四〇〇	三〇〇→四〇〇→五〇〇
マキャン	〃一五〇〇	一五〇〇	六〇〇→八〇〇
バチャン	〃五〇〇	三〇〇	一二〇〇
計	〃六一〇〇	四七〇〇	四八〇〇

作の年を取らないで、平均して五島総額四二〇〇バハルの丁香を収穫する」という。アタイデとカリヨンの数字はほぼ近いが、ピレスの方はややかけへだたっている。ところがディオゴ・デ・コート(『アジア志』)は「丁香では四〇〇〇バハル、枝帯《おび》丁香では六〇〇〇バハルを収穫した」と伝えている。しかしピレスの産出量はどうも甘すぎて過大に評価されているようで、アタイデとカリヨンの方が正確に近いようである。この「バハル」はマラッカの目方の大バハルで大体一九六キロに当る。すると、六〇〇〇バハルでは一一七〇トン、四〇〇〇バハルでは七八〇トンとなる。だから年約八〇〇トン内外の産出量と見るのが妥当だろう。

バンダの肉荳蔻(ナツメッグ)は、これも丁香と同じく野生のままであるが、ピレスは毎年平均して肉荳蔻は六〇〇〇ないし七〇〇〇バハル、時に多く時に少なく、荳蔻花(メース)は五〇〇ないし六〇〇バハルであるという。メースはナツメッグの約一割以下である。これに対し前の丁香のところであげたカリヨンは、ナツメッグは四五〇ないし五五〇バハル、メースは六七バハル弱であるといっている。この二つの甚だかけへだたった数字以外に他に資料は全くないが、丁香と同じようにカリヨンの報告の方が正確に近いようである。すると肉荳蔲(ナツメッグ)は約一〇〇トン内外、荳蔲花はこの約一割以下の産出量であったろう。

以上簡単であるが胡椒、丁香、肉荳蔲の年産量は次の数字で要約される。

品名	地区	年産	パーセンテージ
胡椒	マラバル	四〇〇〇トン	九〇弱
胡椒	スマトラ西北部	三五〇〇	
胡椒	マレイ半島南部とスンダ	五〇〇	
丁香	モルッカ	八〇〇	九
肉荳蔲	バンダ	一〇〇	一
	計	八九〇〇	一〇〇

全ヨーロッパのスパイス年需要量とポルトガル人の支配できた最高の量

まず全ヨーロッパのスパイス需要量である。胡椒については前にその概要にふれている。(本書一〇一頁) ヨーロッパの学者には相当の研究報告があって、どれと定めがたいようであるが、私は前にのべたように、十五世紀末から十六世紀の初めにかけて、年約一六〇〇トン内外、十六世紀末には年約三〇〇〇トン近くに達していたように考える。一六二二年にオランダ東インド会社の理事会が、当時の全ヨーロッパ年間消費量を三一〇〇トンと見積っているからである。そして十七世紀のオランダ人とイギリス人の渡来以前、十六世紀のポルトガル人の時代は、すべてインド、マラバルからの輸出である。インドではマラバル産の約四〇〇〇トンでは、ペルシア、アラビア、レバント、北アフリカとヨーロッパへの輸出分として不足するから、スマトラ西北部からの供給にあおいでいたのであった。

次にモルッカとバンダの丁香と肉荳蔲が、原産地からマラッカを経由し、インドからどれ位ヨーロッパへ流れていたのだろうか。正確に数量を知る資料はないようである。ただ胡椒と同じように（一一八頁参照）全輸入量の約七〇パーセント以上は北部ヨーロッパの消費であったようで、特に塩漬けの牛、羊、鳥肉と塩乾魚類の防腐と味付けに欠くことができなかったから、原産地産出分の二分の一はヨーロッパの需要であったろうと私は推定したい。

そうすると十六世紀初半にポルトガル人がインドとマラッカからリスボンへ輸送できたスパイスの数量が問題である。これも年によって大きな変化があって一概には言えないし、学者によって相当のへだたりがある。それで私は、これもすでに記したように、全ヨーロッパ需要量の約七〇パーセント近くを輸送できたときが最高であったと推定したい。

以上二つの推定にもとづいて、全アジアのスパイスが、全ヨーロッパとポルトガルへ、どのように動いていたかを見よう。（単位はトン）

品名	全アジア 年産	%	全ヨーロッパ 需要量	%	ポルトガル 輸送量	%
胡椒	八〇〇〇	九〇	一六〇〇	八〇	一一〇〇	七八
丁香	八〇〇	一〇	四〇〇	二〇	二八〇	二二
肉荳蔲	一〇〇		五〇		三五	
計	八九〇〇	一〇〇	二〇五〇	一〇〇	一四一五	一〇〇

この表で判明することは、全ヨーロッパの需要量は全アジア分の二三パーセント、ポルトガルの輸送分は全アジアの一六パーセント弱である。量の上からは胡椒がほとんどを占めている。ただヨーロッパ側では、丁香と肉荳蔲の占める率が全アジアより大きく、ポルトガルではなおである。このスパイスはほとんどインドからヨーロッパへ送られているが、十六世紀初めの中国の胡椒需要量は年約二〇〇〇〇トン内外で、全アジア胡椒年産の二五パーセントを占めている。彼ら中国人の丁香と肉荳蔲の需要は問題となる量ではなく、胡椒だけである。彼らは胡椒をスマトラ西北部、マレイ半島、スンダから求め、インド本土とは関係がないが、中国側の需要の変動によって、スマトラ西北部の胡椒の生産量は変化しただろう。このことはまたインド、マラバルの胡椒取引に影響を与えたと思われる。全アジアのスパイス取引で、全ヨーロッパ以上にシェアー（share）を占めていた中国のことを忘れてはならない。

以上は量の上から見たのであるが、価格の点から重ねて考える必要がある。スパイスの現地の値段については種々の報告があるが、十六世紀初めのデュアルテ・バルボーサがあげているインド、カリカット市場の香料薬品の値段が最もよい目安である。これはヨーロッパ人のインド渡来直前の値段で、十五世紀末から十六世紀初めの妥当に近いものである。その中のスパイスを摘記しよう。(荳蔲花《メース》は丁香とほとんど同一値段であるが、量が少ないから略する)

品名	値段(一バハルにつき) 単位(ファナン)	値段(一バハルにつき) 平均	胡椒を百とすれば	注
胡椒	二〇〇—二三〇	二一五	一〇〇	原産地値よりいくらか高い
丁香	五〇〇—六〇〇	五五〇	二六〇	マラッカで原産地モルッカの一〇倍、カリカットでは三〇倍
肉荳蔲	二〇〇—二四〇	二二〇	一〇二	原産地バンダの二〇—二五倍

胡椒を単位あたり一〇〇とした価格指数で、全アジア、全ヨーロッパの需要、ポルトガル輸送分を価格の点から見よう。(次表では肉荳蔲を一〇〇とする)

品名	価格指数	全アジア トン数	全アジア 乗数	全アジア %	全ヨーロッパ トン数	全ヨーロッパ 乗数	全ヨーロッパ %	ポルトガル トン数	ポルトガル 乗数	ポルトガル %
胡椒	一〇〇	八〇〇〇	八〇〇〇〇〇	七八・六	一六〇〇	一六〇〇〇〇	六〇	二一〇〇	二一〇〇〇〇	五九
丁香	二六〇	八〇〇	二〇八〇〇〇	二一・四	四〇〇	一〇四〇〇〇	四〇	二八〇	七二八〇〇	四一
肉荳蔲	一〇〇	一〇〇	一〇〇〇〇		五〇	五〇〇〇		三五	三五〇〇	
計		八九〇〇	一〇一八〇〇〇	一〇〇	二〇五〇	二六九〇〇〇	一〇〇	二四一五	二八六三〇〇	一〇〇

すなわちインド市場の値段から見れば、全ヨーロッパの買入れ分は、全アジアのスパイス取引総額の二六パーセントである。またポルトガル人の輸送できた分は、全アジアの一八パーセントである。だから全アジアのスパイス総取引（生産）量と総金額に対し、

	全ヨーロッパ	ポルトガル
数量では	二三パーセント	一六パーセント
金額では	二六　〃	一八　〃

を占めたにすぎない。ポルトガルが初期にアジアのスパイス取引を支配したと豪語したといっても、事実はこの数字である。そしてこのパーセンテージが、彼らとしての最高であった。彼らが支配しヨーロッパへ輸送した以外の、全アジアの数量と金額からして八三パーセント内外は、すべてイスラム、インド、マレイ、ジャワの商人の掌握するところであった。

ただここで注目しなければならないことは、金額の点で全ヨーロッパとポルトガルでは、全スパイスの買入れ値段総額に対し、丁香と肉荳蔲が四〇パーセントを占めていることである。数量では二〇パーセントであるが、丁香の価格が胡椒の二・六倍であるためである。と同時に、たとえ高価であっても、ぜひ丁香を獲得しなければならないという全ヨーロッパ人の目標をはっきりさせている。

前にあげた値段はインドのカリカット市場の値段である。この値段で手に入れてもヨーロッパでは、インドの一〇倍以上に売れただろう。しかし丁香と肉荳蔲の仕入値はすでに原産地の二五ないし三〇倍である。直接原産地へ出かけてこの二つを獲得すれば、数百倍になろう。ある学者の計算によると、十六世紀初め、丁香はヨーロッパで原産地値段の三六〇倍に達していたとさえいっている。肉荳蔲

スパイス貿易の最大利潤はモルッカとバンダの、丁香と肉荳蔲（ナツメッグとメース）また同じくである。ポルトガル人にとって、

燎原《りょうげん》の火はモルッカへモルッカへと

本国のリスボン—西アフリカ—喜望峰—東アフリカ（ソファラ、モザンビック）—ゴア—マラッカ—モルッカ（バンダ）と直結することによって、ポルトガル人のインド渡来の目的は達成される。だからマラッカ占領の一五一一年の末には、早速三隻の船隊をマラッカからモルッカへ派遣している。この船隊はバンダとアンボン島間の海上で難破し、モルッカへ到達することはできなかった。しかし船隊の一人であるフランシスコ・セラウンという人物が、モルッカ諸島中の最有力な島であるテルナーテへ辿りつくことができた。彼はこの島のサルタンに協力し、仇敵であるチドール王に対抗させ、テルナーテ王の信頼を得ることにまず成功した。こうしてポルトガルのモルッカにおける最初の足場が作られたのである。

ところがセラウンはフェルジナンド・マゼランと友人であったから、彼にヨーロッパ人の最も知りたがっていたモルッカの情報を流した。マゼランは一五一七年にセラウンの情報を受け取り、スペインの援助を得て大西洋から西まわりでモルッカにいたろうと計画し、一五一九年に五隻の船隊でスペインのサン・ルカル港を出帆した。苦心惨憺を重ねて南米大陸の南端を迂回し、幸運にも太平洋を横断したが、一五二一年にフィリッピンのセブ島で土人に殺害され、目的のモルッカに到達できたのはデル・カノのひきいる二隻であった。カノはチドールのサルタンと結び、残りの一隻の船でマラッカ海峡とインド洋のポルトガル船をさけ、ジャワ島の東部から一路アフリカの喜望峰に向ってインド洋

南部の大海洋を横断し、喜望峰にも立ち寄れず、アフリカの西海岸を北上して一五二二年に辛うじて本国へ帰着した。マゼラン船隊の遠征によって、世界一周がモルッカのスパイスを中心に達成された。しかし地球はまるいという地理学上の実際の証明よりも、スペイン、ポルトガル両国が東と西から航海して、モルッカ諸島にそれぞれ基地を持つにいたったということの方が、当時のヨーロッパ人の重大関心事であった。

モルッカとバンダのスパイスの支配獲得は、全ヨーロッパ人にとって何ものにもまさるものである。丁香と肉荳蔻の価値と利益を、異常に近いほど高く評価していたからである。

十六世紀の初頭、ヨーロッパの二大海軍国家であるスペインとポルトガルはスパイスを求めて、アジア東端の小島モルッカで対立するにいたった。両国の出先軍人は、モルッカ五島の各サルタンの反目闘争を利用し、自国の勢力である基地の確保に努めた。一五二一年にポルトガル人はテルナーテに要塞を築くことに成功し、一五二七年にはスペイン人をテルナーテから追い出した。そして両国の本国間の交渉の結果、両国はローマ法王の裁定によって一五二九年に条約を結び、スペインはモルッカから手を引くことになり、モルッカはポルトガルの一人舞台となった。こうなるとポルトガル本国とゴアのインド総督は、マラッカ総督にテルナーテ王を強制してできるだけ多くの丁香を獲得するよう指令することとなる。これは同時に原住民に対する強い圧迫となってくる。ところが十四世紀以来、中国人、ジャワ人、マレイ人、その他インド人、ペルシア人、アラビア人などに接して、サルタンと住民はスパイスの利益のあることを知るようになっていたから、ポルトガル人の強制的な支配に反抗するようになるのは当然である。ポルトガル人はサルタンと住民のたび重なるレジスタンスの緩和策として、キリスト教の布教につとめた。キリスト教は軍事力の不足を補う手段であるから、スパイス獲得のためのものである。例えば一五四九年八月、鹿児島に上陸したフランシスコ・ザビエー聖人は、その以前モルッカで巡回布教したがなんの効果もあがらなかったと報告している。モルッカの住民にとってキリスト教に帰依することは、彼らの生活の源泉であるスパイスから得られる利益の大部分をあげてポルトガル人に渡すこと、言葉を変えるとポルトガル人の柔順なサーバントとなることである。ポルトガル人はマラッカとモルッカの中継地であるアンボンを一五六二年には占領し、一五八〇年に要塞を築いた。しかしこれより前の一五七二年にはサルタンと住民の反抗によって、テルナーテから退却せねばならなくなって、彼らのスパイス支配は意の如く進まなかった。ポルトガルの東方前進が、彼らのアジアに派遣することのできる軍事力の限界点以上に伸びすぎたからであって、このことは次節にふれよう。

スペインは一五二九年のポルトガルとの条約締結以後も、フィリッピンを足場として度々モルッカ進出を行っているが、いつもポルトガルに撃退されている。これは新大陸メキシコの銀の獲得が余りにも意外なほど大成功で、メキシコの支配に熱中し、遠くモルッカまで兵力を伸ばす余裕がなかったからであろう。またこのことは、さかのぼって一五二九年の条約成立の遠因でもあったろう。そしてスペインは、ポルトガルの勢力の及ばないフィリッピンに目を向け、一五七一年にはルソン島のマニラを彼らの中心支配地とすることに成功した。こうして彼らのアジア進出は十六世紀の後半から、メキシコ→太平洋→フィリッピン→中国（広東）それから日本とつながり、アジアのスパイスとは直接に関連がうすくなった。

軍事力と商業――スパイス支配のアンバランス

ポルトガルのアジア支配は、マラッカから崩れてゆく。それはスパイス貿易の利益の半分以上を失うことである。

常にイスラム勢力から狙われているマラッカ

前項に記しているようにモルッカとバンダのスパイスは、彼らにインドの胡椒以上の利潤を与えているが、マラッカを失うことは、とりもなおさずモルッカとバンダからの利潤を失うことである。

ポルトガル本国はインドのゴア当局すなわちアジア総督に、マラッカからできるだけ多量のスパイスを送るよう命令する。するとマラッカは全船舶を利用して、十一月から三月の冬の北東季節風の間にゴアまでスパイスの輸送を終らねばならない。なおモルッカ（バンダ）→マラッカ→ゴア間の航路は大型艦船（ナウ）ではないが、この間マラッカは防備の艦船を持たないこととなる。僅かに一五〇〇人内外の守備兵で、そのうちポルトガル人は二〇〇名内外、あとは混血人だけである。本国のヨーロッパ向けスパイスの拡大政策とそれによる利潤の追求は、マラッカの軍事力と防備力を弱体化する。本国がアジアに派遣することのできる大型艦船は年二〇隻内外である。インド南部マラバル胡椒の西方流出を防止するため、北部のカンバヤとペルシア湾入口（オルムス）と紅海入口（アデンとソコトラ島）

などにも艦船を差し向けなければならない。そして年平均五隻内外の大型船がゴアから胡椒とスパイスを積んで本国へ帰り着くためには、それ以上の一〇隻に近い艦船をインドと本国との間に、常時往復航海させる必要がある。海難という大きな困難が、インド洋のイスラム商人とともに彼らを悩ましている。だから彼らの支配する海上のラインが、インド洋から遠く東南アジアの海上に伸びて彼らの目的が達せられると、軍事力である海軍力と城塞の防備力に対し、商業すなわち胡椒とスパイスの支配獲得との間にアンバランスが生まれてくる。

ところがマラッカは常にインドネシアのイスラム勢力から狙われている。それは次の三つである。

(イ) ポルトガル人によってマラッカから追い出されたマラッカ王国の残党、ならびに彼らと手を結んでいるジョホール水道あるいはマラッカ海峡の島々に根拠を持つイスラム。

(ロ) 東ジャワのジャパラを中心とするジャワ沿岸各地のイスラム貿易都市。彼らは従来モルッカ(バンダ)、ジャワ、マラッカそしてスマトラ各地間の胡椒、スパイスその他の中継取引に従事していた。また東北中国それからベトナム沿岸諸国やシャム(タイ)とも緊密な交易関係を持っている。

(ハ) 中国とインドへ胡椒を輸出しているスマトラ西北端のアチェ王国は、中国との交易を円滑に行なうため、マラッカ海峡の支配力を掌握してポルトガル人にとってかわろうとしている。

この三つのイスラム・グループは、ポルトガル人のマラッカを狙う点では皆同じである。しかし(イ)の海峡のジョホールのイスラムは(ロ)のジャワのジャパラと結んで(ハ)のアチェと対立した。ジャパラはスパイスとともにジャワの米、塩、乾魚などをマラッカに提供しようとし、ジョホールはその中継利益にあずかろうとして、両者は時に一致したからである。(ハ)のアチエはインドと中国船の胡椒需要によって強大であるが、ジャパラ（ジャワ）あるいはペグー（ビルマ）から、米その他食料の供給を受けなければならない。だから時にはジャパラと結ぶことさえあって、海峡のジョホールを排斥する。そして三つの勢力のいずれもが自分だけでマラッカを支配することを考えている。

ポルトガル人がこの三つのイスラム勢力から、軍備の手うすなとき攻撃を受けながらマラッカを維持することができたのは、堅固な石造要塞と優秀な火薬力にもよるが、実に三者の不和と対立のおかげである。ポルトガル人のスパイス獲得と軍事力のアンバランスは、イスラム相互の反目と対立を利用し、かろうじてカバーできた。ポルトガル人は各イスラム主権者の内紛に介入したり、あるいは彼らをそそのかし、少数の兵力をもってマラッカの維持を計った。彼らはマラッカの有利な地理的存在を利用して、ある時はジャパラの米の供給を受け入れ、あるいはアチエ胡椒の中国向け輸出を援助したりして、各勢力を自分たちの都合のよいように適当に操作することを怠らなかった。だからマラッカ駐在のポルトガル官吏と軍人にしてみれば、最小の人数で最大の努力を払い、最高の効果をあげていたことになる。

これに対し、インドのゴアと本国の当局は、さらにより以上の利潤、すなわちより多くのスパイスの送付を要求するだけである。そしてマラッカの軍人官吏に与えられるものは、従来より一定以上には増額されない。彼らは生命を賭して祖国のためにつくしても、与えられるものはすくない。ここに生じるマラッカ駐在ポルトガル軍人官吏の不平不満は、彼らの間に彼らの地位を利用して個人の利益を求めることに努めさせ、国家の一員としての任務をおろそかにするようになる。また個人の得られる富は地位の上下によるから、地位を得るためには本国でもアジアの出先でも、あらゆる不正な手段と方法が平然として行われる。このような状態、すなわち常にイスラム勢力から狙われ、軍備は手うすで、駐在官吏軍人の不正が横行するマラッカである。それがどうして、かつて十五世紀にはインドのカンバヤと車の両輪をなし、遠くベニスの死命を制したというマラッカの声価と繁栄を保つことができるだろうか。

インド本土の通商を支配することは不可能

以上のようなマラッカを中心とする情勢は、インドにあっても同じである。ゴアはアジア全体を統轄するとともに、北部のカンバヤ（グゼラット）と南部のマラバルを支配し、ペルシア湾と紅海の入口を制圧しなければならない。カイロとグゼラットのイスラム連合艦隊を撃破して、一時的にインド洋を支配できても、南部のマラバル海岸全体の封鎖ができない限り、インド胡椒の支配は駄目である。小舟で絶えず通商航海するインド、アラビア、ペルシア船を取締ることは、とてもできない相談である。例えばマラバル産の胡椒だけでは、当時のペルシア、アラビア、レバント、ヨーロッパ、アフリカなどの需要分に不足したから、スマトラ西北部産の供給にまたねばならなかった。しかしスマトラ、インド間の胡椒その他の運送と通商は、インド人とイスラム系商人に掌握されている。ポルトガル人にその意向があっても、実行するだけの船舶と力がない。だからマラバルの胡椒だけをとっても、彼らの支配力には限界点がある。スマトラ西北部のアチェ王国を制圧できればと考えられるが、マラッカを維持することがやっとのことだから、とても手が出せない。反対にジャワのジャパラと海峡のジョホールのイスラムに攻撃されて、アチェの援助と友好を求めなければならないことさえあったほどである。

仮りに十六世紀初めのヨーロッパ向け胡椒とスパイスを、ポルトガル人が完全に支配したと仮定しても、全アジアの年間生産量に対し、

胡椒は二〇パーセント、スパイスは五〇パーセント

である。しかし全ヨーロッパ需要量の七〇パーセントを輸送できた時が最高であったと考えられるから、ポルトガル人の支配し得たのは、

胡椒一四パーセント、スパイス三五パーセント

である。それから年約二〇〇〇トン近くの胡椒がスマトラ西北からマラバルへ送られ、マラバルの年産四〇〇〇トン内外と合わせ、マラバルの年取扱い量を六〇〇〇トンと見ても、

全ヨーロッパ分は二七パーセント、ポルトガル人の分は一八パーセント

にしかあたらない。だからスマトラとスンダ、マレイ半島産の内、年約二〇〇〇トン内外の中国船の買付け分を除けば、他はすべてインドのカンバヤとマラバル、ベンガル、それからジャワとアチェのイスラム系商人の取り扱いであった。また胡椒とスパイスを産する各地と主要仲継取引地はほとんどサルタンの支配下にあって、集荷、取引などすべて彼らに属するものであった。南アジアにおける胡椒とスパイス取引の主体は、依然としてインド↓スマトラ↓ジャワを結ぶイスラムの手中にあったといってよろしい。

それからインドを中心として北と西と東のアフリカ、レバント、ペルシア、アラビアそして東南アジアと大きく結んで、香料以上に重要な商品は、インドの綿布（キャラコ〔インド全土〕、モスリン〔ベンガル、コンカン〕、変り模様布〔カンバヤ、コロマンデル〕）であった。アジアにおけるイスラム商人通商の主体はここにある。これを制圧しない限り、彼らの通商支配は動揺しない。その状態を簡単に記そう。

十六世紀初めのイタリア人、ルドヴィコ・デ・バルテマは、カンバヤから毎年四〇～五〇隻の船が綿布と絹織物を積んでさまざまの国へ出かけるとのべ、トメ・ピレスはこの綿布の種類を二〇種とも三〇種ともいっている。これらの綿布はカンバヤ船でインド洋全域の主要港に輸出され、東アフリカのイスラム系国家群はカンバヤ綿布の独占市場であり、紅海沿岸諸港の需要はさらに多かった。デュアルテ・バルボーサは、アデン周辺の人びとが、これらの船がカンバヤから運んでくる、これほど多量の綿布を使用するとは、想像に絶するとさえいっている。またオルムスとペルシアへは、多くのベール用の綿モスリンや他の白布や生地の粗《あら》い布が輸出され、セイロンへも種々の綿布が運ばれている。ビルマ南部のペグーとマレイ半島のテナッセリムへ、多くの船がカンバヤやプリカット産の捺染布を運んだ。マラッカでは三〇種のカンバヤの布が取引されたにちがいないとピレスはいうが、彼はスマトラでは、島の住民が大変多いので、大量のコロマンデル産とカンバヤ産の布がここで使用されるとのべ、ジャワ島また同じであるという。またバリー島からチモールにかけて粗いカンバヤ綿布を、コロマンデルとベンガル産の布とともに使用しているという。

以上はほんの数例をあげたにすぎないが、綿布についでインドの米がアラビア、オルムス、ペルシア本土、東アフリカのメリンデ、セイロン、マルディブ諸島、マラッカへ輸出されている。またインド本土諸侯の軍需用（騎兵）として、莫大な数の馬がペルシア、アラビア、カンバヤから輸入されている。

十六世紀初めのポルトガル人は、ゴア占領の一つの理由として、ゴアがデッカン諸国への馬の輸入港として重要なことに注目し、ペルシア湾入口のオルムスでは、馬の輸出貿易の統制支配を計っている。またカンバヤ地方のディウ、キャンベイ、スラット、チャウルの諸港を攻め、綿布の取引に介入したのは事実である。そしてシンド、ベンガル地方では綿布の輸出に支配的な位置を占めていた。また米の輸出入に介入するなど、インド本土の通商に相当関与している。しかし結局は、カンバヤ商人群の活動を押えることができなかった。彼らポルトガル人のアジア貿易の主体は、あくまでもヨーロッパ向けの胡椒とスパイスにあったからである。

ヨーロッパでポルトガルのスパイス支配は北ヨーロッパの毛織物業者に握られる

ポルトガルのアジア貿易とくに胡椒とスパイスは、王室の独占である。インドの胡椒とモルッカとバンダのスパイスは、王室の直接支配するところで、本国では王室の商務官が輸入分を独占的に売却していた。これは商業と封建支配の結合であろう。このインドと直結する輸入以外に、アジアの海上各地でイスラム商船を掠奪する海賊収入が、ある時は相当あったことも忘れてはならないだろう。それはともかく、本国が初期の驚異的な、想像もしなかった大きな利益収入のほとんどを、王室と貴族の浪費にまかせないで、相当部分をアジアに派遣する艦船の増強とアジア各地の城塞の補強と充実、ならびに駐在官吏軍人の待遇改善などにあてたならば、彼らの軍事力は幾分かでも保持できただろう。しかしアジアの巨大な利潤に酔った貴族は、アジア貿易の利潤の収奪と浪費しか考えなかった。彼らの勢力が拡大して、東アフリカからインド、マラッカをへて遠くモルッカに及ぶ、余りにも広大な地域の点と線を結ぶ海上支配と軍備は、いつかは手うすとなって、全体の支配力はどこからか破綻を生じる。軍事力と表裏している独占商業の運命は知るべしであろう。本国の王室と貴族は、軍事力の劣勢をキリスト教の布教と教化によって補足しようとした。しかしポルトガル人のキリスト教(アニマ)は、軍事力の不足を補う手段であるから、アジア各地の住民にはたいした感化を与えない。だから軍事力が弱体化すると、インドの胡椒とモルッカとバンダのスパイスに対する支配力が下落するのはもちろんである。また貿易利潤の大半を占めるモルッカのスパイス支配が意の如くならない時は、この点からでも彼らのアジア貿易は崩壊してゆく。

ポルトガルのアジア貿易を端的に表現すると、始めは南ドイツ産の銀の輸出に対し、胡椒とスパイスの輸入であった。一五〇一年にリスボンを出帆した第三回の遠征隊は銀をあまり積んでいなかったため、インドで長い間かかってようやく胡椒を手に入れることができたという。この結果、ポルトガル人は銀こそアジア貿易に最も好ましいものであることを知り、以後輸出は銀を主とし、輸入の二分の一以上——あるいは三分の二に達したこともある——は胡椒であった。ところがスペインの新大陸の開拓が進むにつれ、一五二〇年代から豊富なメキシコ銀がヨーロッパに流れこんだ。特に一五四五年のポトシ銀山の開発以後、巨大な相つぐ銀山の発見と、水銀アマルガム法による銀の製錬技術の伝播は、新大陸の銀の飛躍的な生産増加をもたらした。十六世紀の後半には、当時の世界銀総生産額の八〇パーセント以上が、新大陸の銀であったといわれている。こうして十三、四世紀に繁栄した南ドイツの銀鉱山業は、衰退の一路を辿らざるを得ない。

この新大陸からの銀に対しスペインが輸出したものは、主としてヨーロッパの毛織物製品であった。新大陸の毛織物に対する需要は、銀のヨーロッパ輸入の増加とともに、ますます拡大する一方である。ここに毛織物製品の原毛生産地と製造加工地とが、結局において新大陸貿易を支配するものとして新しく登場するようになる。ヨーロッパの主要な牧羊地帯は、スペイン、フランダースとネーデルランドおよびイギリスであった。そして製造加工地はイタリアのフロレンスと北方のアントワープであった。スペインでも毛織物工業が盛んで、十六世紀の半ばごろ最盛期に達し、国内全人口の三分の一以上はこれで生活していたほどだと伝えられている。しかし激増する新大陸の需要に応じるためには、原毛の生産が不足してアントワープに輸出製品の大部分の供給をあおがねばならないようになってきた。それにスパイスの大消費地域は始めに記したように北部ヨーロッパである。全ヨーロッパで輸入した胡椒の約七〇パーセント以上は北部の消費であった。ポルトガルは、アントワープでスパイスを売りさばいて銀を手に入れ、さらにアジアのスパイスの仕入れを続けるということになってしまう。だからアントワープの毛織物工業を中心として、簡単には次のような世界的商業が展開されてくる。

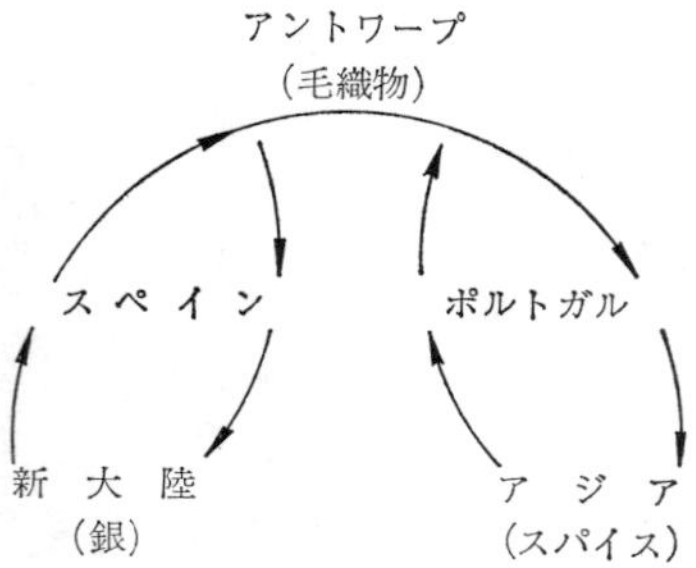

つまるところ、スペイン、ポルトガル両国は、単に中継利益を占めるものにすぎなくなって、新大陸とアジア貿易の実権はアントワープを中心とする毛織物工業の把握するところとなる。このような新しい展開によって、初めてヨーロッパの商業が世界的なスケールに拡大し、新しい時代へと世界全体は動いてゆく。それは別としても、スペイン、ポルトガルの王室を中心とする独占貿易は下請商人によって利益の大半をむさぼられ、王室と貴族の浪費生活はアントワープの商業金融資本に左右される傾向を深めてゆく。こうして両国の財政は乱れ、その結果として生じる海上軍備と出先基地の弱体化は、両国の東西貿易独占支配の崩壊を必然的なものとし、新しいものの登場を促すのである。

ジャワを中心とする地域の支配は駄目である

終りにインドネシアに目を向けよう。一五一一年のポルトガル人のマラッカ占領によって追い出されたイスラム商人は、西部ジャワのバンタムを根拠地とし、スンダと対岸のスマトラのランポンを勢力下において胡椒の取引に従事した。東ジャワのジャパラのイスラムはこれを援助し、同時にバンタムとアンボン間の海上ルートを確保して、モルッカとバンダのスパイスの支配権を失わないように努めている。これと反対に、マラッカを脱出した一部のイスラム商人はスマトラ西北のアチエへ移動した。アチエはスマトラ西北部のペディル、パセと、東海岸のプリアマン、ベンクーレン、セレバルの胡椒生産地を支配して、マラッカとジャワに対抗しようとする。当時アチエとジャワのバンタムあるいはジャパラのどれにとっても、重要なことは中国船の胡椒買付けである。ところがマラッカは中継貿易港にすぎないから、ポルトガルの海軍力が弱まると、中国船はジャワのバンタムあるいはスンダ海峡へ出かけてゆく。またアチエとジャパラは、ポルトガルのマラッカ海峡の警備が手うすになったのに乗じ、おのおのマレイ半島中部のパタニまで胡椒を運送し、ここで中国船と交易しようとする。要するにインドネシア全体の交易は、依然としてモルッカ→ジャワ→アチエと東北中国、そして西方インドとの間に続けられている。特にジャワは、中国向け胡椒と、モルッカ、チモール、スマトラ、マレイ半島各地の必要とする米、塩、乾魚、金属製品あるいはインドの綿布、これを原料としてジャワで加工染色した布類をにぎり、モルッカとバンダのスパイス、チモールの白檀を支配していたから、インドネシア商業圏の中心であることに変りはなかった。反対にポルトガル人のマラッカ占領によって、ジャワ沿岸のイスラム都市は、たとえ時に反目対立したことはあっても、彼らの交易量は増加したといえよう。ポルトガル人がマラッカからジャワ海を一路東へ航海してモルッカとアンボンへ渡海したのは、ジャワ沿岸イスラム都市の勢力に圧倒されて、この地帯に根拠地を求めることができなかったからである。そして一五七二年には、モルッカの唯一の基地であるテルナーテを放棄しなければならなくなって、彼らのスパイス支配は失敗に終ったのである。ここに十五・六世紀のインドネシアにおけるイスラムの伝播経路略地図をあげている。ポルトガル人、マラッカ占領前後の形勢をよくわかってもらいたい。

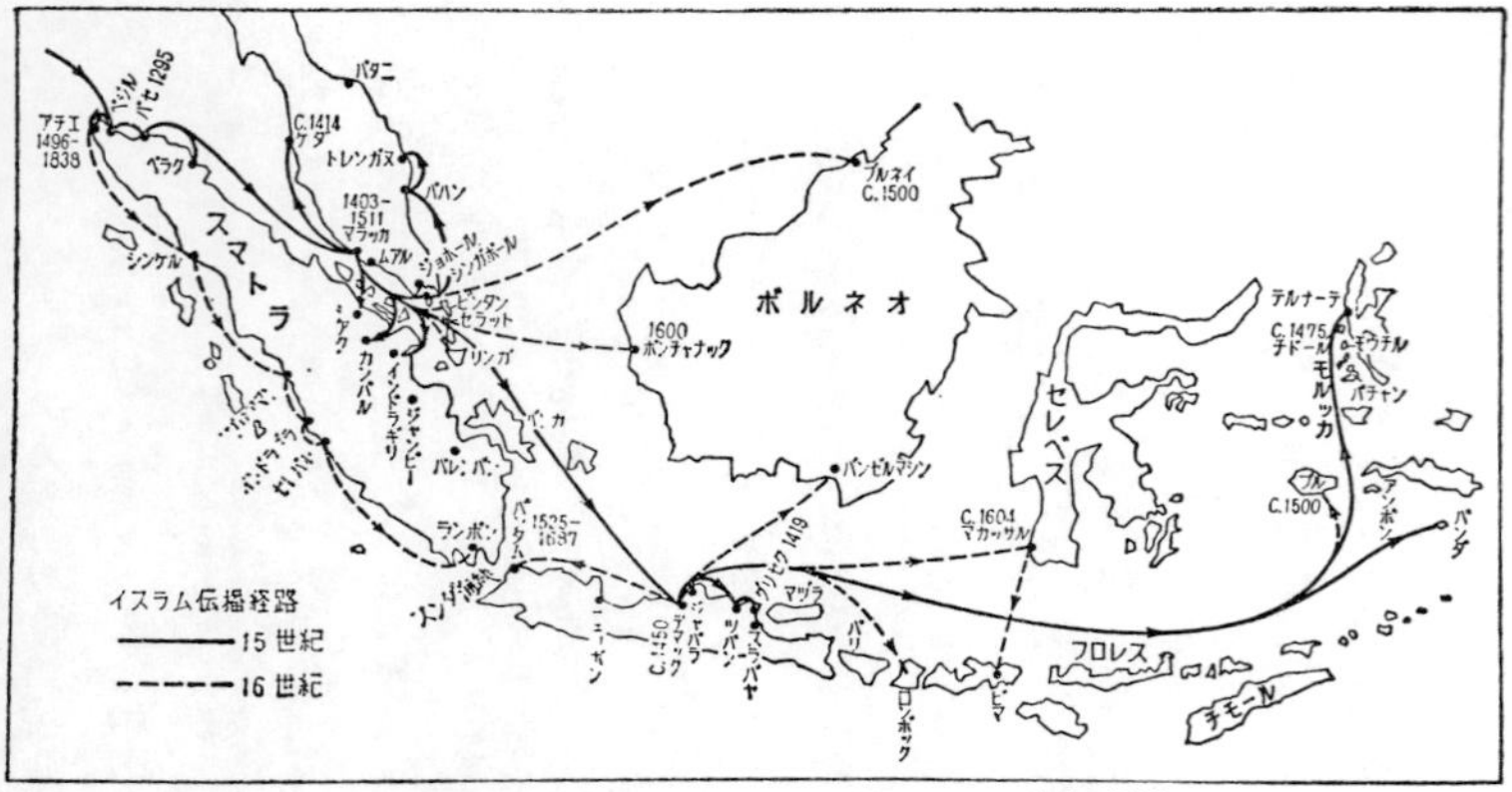

15・16世紀インドネシアにおけるイスラム伝播経路

最後に重ねて言えば、インドネシアにおいて、十六世紀のポルトガル人がその交易を時に攪乱したことはあっただろうが、むしろ反対に中国↓インドネシア↓インド間の交易と、インドネシア各地間の島嶼交易を促進させ緊密化させる結果となった。インドネシア全体にイスラムを拡大させ、十五世紀につづいてイスラム化を強固にし、彼らの商業活動を拡大させたのは、ポルトガル人の軍事行動のおかげである。彼らがマラッカを固守して、ジャワを忘れなければならないところに、彼らの重大な失敗があった。しかしイスラムを敵とするポルトガル人にとって、少数の軍人と限りある艦船では、ジャワの主要貿易港を支配することはできないことである。十六世紀のポルトガル人は、アジアでスパイスに終始したのである。

二　ゴアのオールド・フォートとフランシスコ・ザビエー聖人
——軍事力(ミリタリズム)と霊魂(アニマ)

非情の一語につきるゴアのオールド・フォート

ポルトガル国二代目のインド総督であったアフォンソ・アルブケルケ(一四五三—一五一五年)が一五一〇年に占領して、インド支配の中心としたゴアは、マンドビとツアリの両河の川口にはさまれた島である。かつてのポルトガル人栄光のゴア(オールド・ゴア)は、現在見るかげもない廃墟の跡ばかりで、フランシスコ・ザビエー聖人を祭る聖堂とミュージアム、そして二、三のくずれかけた会堂だけで、道路とココヤシの樹林以外にはなにもこれというものは見あたらない。

私はマンドビ河口の突端にあって、栄光のゴアを守備したアゴアダのオールド・フォートを見ようとしたら、当局の許可が必要だという。幸い日本のオリエンタル・ヒストリーのプロフェッソールということで許可を得た。

新ゴアすなわちパンジムの町から塵芥運送船かと思われるような汚ないフェリー・ボートで対岸にわたり、オンボロのタクシーをやとって、マンドビ河の川口の東端にあるアゴアダへ車を走らせた。

途中は平坦な水田とココヤシの樹林である。アゴアダの岬に近づくと、赤土一色の味もソッ気もない丘陵地帯に入る。カシューナットの樹がまばらにあるだけである。これという景観では全くない。赤土一色で山肌は堅く、そこに通じている道路とは名ばかりで、車や人が通った跡がいわゆる道路というものになっている。二つ三つと次々に丘陵を越え、やっとはるかかなたのいただきにフォートの城壁を認める。粗末な鉄線が張りめぐらされている。人の気配は全くない。

私のガイドとタクシーの運チャンは、やおら鉄線をはずしにかかる。曰く、プロフェッソールはライセンスを持っているからと。それからフォートの入口まで、道かなにかわからないが、とにかく車の走れるところを通ってやっと辿りついた。

フォート入口の道路は、日本の城門の入口のように直角に屈曲している。城壁は二重になって、内壁と外壁の間は恐ろしいほど深いぞっとするような空堀《からぼり》になっている。城の門らしい跡の前に石橋がある。昔は頑丈な鉄の門があって、そのかたわらに護衛兵の屯所があったのだろう。石橋を渡り、かつての屯所らしい石造りのうす暗いジメジメした所に入ると、一メートルほどのトカゲが数匹飛び出してくる。私はびっくりしてタジタジになる。ガイド氏はこれを食べるとおいしいという。美味だそうな。石室の窓から、空堀を見おろすと、ぞっとするほど深い。内と外の城壁は、黒ずんだ石を積み重ねた頑丈で部厚い堅固なものである。現在の大砲でも、くずれそうにないと思われる。その高さは何十メートルあるのかわからないが、とにかく岩山の上に切り立ったように屹然とそびえ立っている。

フォートの内部は、私の目測で約二万坪ほどの広さであろうか。周囲を内壁で囲んだ、一面の平たい石ダタミである。城壁と同じ色の、黒ずんだ石の一色である。かつてはフォートを守備する軍隊の兵舎などがあっただろうと想像されるが、礎石らしいものは認められない。見わたす限り、なにもない。黒みがかった石を一面に敷きつめた平坦なプラット・フォームである。一木一草も生えていない。ただ中央のあたりに、相当の大きさの四角形のテラスようの石造りだけが、フォート内で一段と飛び出しているのが認められる。ガイド氏は私をそこへ案内してゆく。深い深い地下室になっているようで、入口は一カ所しかない。くずれかかった石段を、ガイド氏に手を引かれて下ってゆくと、一歩一歩地獄へでも入っていくような気持におそわれる。光線は入口だけからである。かつて人間を惨殺したところか、あるいは幽閉した穴倉かと考えて下ってゆく。地表から随分下である。暗い中で目が慣れてくる。ガランドーである。一番下は、これまた黒ずんだ一面の石ダタミで、そのまん中は一段と低くなっていて水が溜っている。なんのことはない。貯水倉だという。

このような山上のフォートで、一番大切なのは水である。この水をためる地下の倉が、フォートの中央にある。滾滾《こんこん》と地下水がわき出ているのである。築城者の知恵に感嘆せざるを得ない。よく考えたものである。この貯水倉は、数年前パンジムの町（新ゴア）に水道が引かれるまで、町の人びとに水を供給していてくれたとガイド氏は説明する。十六、七世紀のポルトガルのアジア支配の威勢が没落してからも、永年代におよんで新ゴアの人びとに飲料水を供給するものであった。

暗い地の底の貯水倉を出て、平坦なフォートの周囲をはりめぐらしている内壁のテラスの上を歩く。城壁から突き出たようになっている部分が数カ所あって、バスチオン（稜堡）であったことが認められる。そこに立つと、マンドビ河の入口は一望の下にある。インド洋に面してそそり立ち、威圧的である。マンドビ河を出入する船は、一隻も見逃さない。マンドビ河をさかのぼったところにある栄光のゴア（オールド・ゴア）を守る、絶好の地点である。

松尾芭蕉（一六四四―一六九四年）は『奥の細道』に、藤原三代栄華の地、平泉の古城で語っている。

国破れて山河《さんか》あり。城春にして草《くさ》青みたりと、笠打敷《うちしき》て時のうつるまで泪《なみだ》を落し侍りぬ。

夏草や兵《つわもの》どもが夢の跡

彼は悠久な時の流れに人生の無常を感じ、哀愁をこめているが、なんとなく抒情詩的である。かつて流された血の跡も、歴史の夢と感じられ、おだやかな春の草木につつまれている。

ところがゴアのオールド・フォートでは、このような情感のカケラの一片さえ、私は見出すことができなかった。時は七月であったが、そこにあるものは非情の軍備の跡の一語につきよう。墨一色を流したような石ダタミを一面に敷きつめ、黒い石で囲んで、黒い城壁で固めつくしたフォートである。インド征服の中心であるゴアを守ることだけである。人間的な血も涙も必要ではない。凄惨であり非情である。人間的なロマンを見出すことはできない。

マンドビ河に面してフォートの一部は、外壁が丘の上から海岸の波打ちぎわまで延びている。そこには石造りの粗末なアパートらしいものがある。ガイド氏は、解放前のポルトガル時代に、政治犯を幽閉したプリゾンの跡だと説明してくれる。絶対に逃亡することの不可能な、鬼哭啾啾《きこくしゆうしゆう》としたところである。ポルトガル人のフォート建設当初からあったのだろう。端的にアゴアダのフォートの性格を示している。

さてポルトガル人のインド渡海の目的は、まずインド、マラバル海岸の胡椒の支配であった。インドの胡椒が、インド洋を渡って西のペルシア湾と紅海から近東地方を経由して、イタリアのベニスとゼノアに転送されるのを遮断しなければならない。ヨーロッパ向けの胡椒は、すべて彼らの艦船によってアフリカ大陸を迂廻し、本国のリスボンへ運送されなければならない。これがインドの胡椒の支配である。

この使命を忠実に、鉄の意志をもって断固たる決意の下に実行したのが、一五〇九年に二代目のインド総督となったアルブケルケである。彼の胸中には、祖国のためインドそして広く南アジアのスパイスを独占し、ポルトガルのアジア支配を確固としたものとする以外には、なにものもない。一五一〇年にゴアを占領し、胡椒のマラバル海岸を支配下におくと、一五一一年には東南アジアの東西貿易の中心であるマレイ半島のマラッカをイスラムの手から強奪する。そしてインドと東南アジアのスパイスが近東地方へ転送されるのを遮断するため、一五一三年には紅海入口のアデンを、一五一五年にはペルシア湾入口のオルムスを、それぞれ攻略したのである。

彼は目的のためには手段を選ばない。大英博物館その他にある彼の肖像を見られたい。（種々の本に多くのせられている）簡素で非情な、あたかもゴアのオールド・フォートの姿そっくりである。ゴアのアゴアダのフォートは、彼によって建設されたという。何年かかったのか、土地の人は知らない。祖国のインド支配を急速に不動なものとするため、手段を選ばないで非情な決意をもって築いたのだろう。このフォートは、彼の断固たる性格をそのままむき出しに、今日なお残骸を白日の下にさらしている。

私はオールド・ゴアのミュージアムで、ポルトガル歴代のインド総督の肖像の写しを見たが、彼は飛びぬけて冷酷残忍な鉄の人のようである。それから聖なる使徒たちが原住民に捕縛され、首をはねられている絵が数面あった。鮮血が淋漓《りんり》とほとばしって、残酷そのものである。たしかにこのようなことはあった。しかし征服者の犠牲以上に、被征服者である原住民に対し、限りない無惨な流血が次から次へと行われたのである。それは絵画として残されていない。私はゴアのオールド・フォートに立って断腸の思いであった。フォートが築かれるまで、そして完成してから、幾多の原住民の血が流されたのだろうと。

（附言）私はシーロン島のガーレのフォートを見てから、ゴアのオールド・フォートを見た。十六、七世紀のポルトガル人が、拠点に建設したフォートの様式には二つのタイプがある。ガーレのフォートは、日本流にいうと城塞都市である。ゴアのアゴアダの場合は、単なるフォートである。ゴアというインド支配の都市を守備するのであるから、ガーレやマラッカの場合とは異なっている。

フラシスコ・ザビエー聖人の御遺体と略伝

昭和四十二年のことである。私は二カ月ほど、インドのカルカッタからマドラスへ、そしてスリランカへ。それから再びマドラスへ帰り、バンガローアとマイソールを中心とするデッカン高原からマラバル海岸にいたり、香料植物の実体を見るため一人で旅行をつづけた。マラバルのコチンから、ボンベイに近いゴアへ行ったのが七月下旬である。一五一〇年にポルトガルがゴアを占拠し、インド支配の根拠地としたゴアの旧跡を見るためである。

現在のゴアの町は、新ゴアといわれ、かつてのポルトガル人が根拠としたゴアは、この新ゴアから相当はなれた里程のところにある。昔の町あとを示す道筋らしいもの、崩れかかった教会堂らしい建物や石塀などがあちらこちらに残っているが、鬱蒼として繁茂しているのは、見わたす限りのココヤシの樹林である。古都の廃墟とはこんなものだろうかと、私は考えた。日本の古跡のように、その昔なにがあったのかを教えてくれる道標も説明も全くない。人影はまばらで、住む人もまれなようである。十六、七世紀のかつての栄光のゴアを、その昔ポルトガル人が書き残してくれた文書で私は色々と想像をめぐらしていたのであるが、「つわものどもが夢のあと」といわれるような情緒は全くない。ただ二、三のカトリックの教会が、古色蒼然としてあるだけである。教会は堂々たる建物で、その構内を一人で歩いていると、かつての栄光のポルトガル時代に吸いこまれるような気がしてならない。

ボム・エスという古い会堂がある。なかなか立派な建物で、司祭の許可を得て会堂の中に入ると、広い御堂《みどう》の正面の祭壇に高名なフランシスコ・ザビエー聖人の御遺体が祭ってある。金色燦然《こんじきさんぜん》と輝く棺でおおわれ、目もまばゆいほどであるが、御遺体は純銀の柩《ひつぎ》に納めてあるという。司祭は私にザビエー聖人（一五〇六—一五五二年）の御一代を語り、聖人の偉大さをほめたたえる。最後に曰く、

インドの使徒として一六二二年（元和八年、徳川秀忠の時）に、ローマ法王から「聖人」に列せられる。聖人の御遺体は、現在も聖人在世《ざいせい》の日のお姿と全く変っていない。目はつぶっておられても、お顔も頭髪もほほひげも、おからだも、すべて生前そのままであられる。全インドの布教に身も心もささげられた、崇高な聖者でおわしたからである。

それから司祭は、私に祭壇の前に安置してある、長さ二メートルほどの細長い硝子のケースを拝しなさいという。これは聖人の御遺体を実物のとおりに入念に模して作った、極めて尊い像である。御生前のおすがたそっくりである。そして水晶の玉——大きさはフットボールよりやや小さい——をいかにも大切そうに私に示し、この中に安置してあるのが、聖人の御足の親指《おやゆび》である。聖人の御遺体の一部であるから、よくよく心して礼拝をなさいと。

私は深く首《こうべ》をたれ、謹しんで十六世紀一代の聖者の霊に尊崇の念を深めながら、聖人の御一代を思い出していた。広い会堂の中は、司祭と私だけである。司祭は私の敬虔《けいけん》な態度に感じ入っておるらし

い。しかしこのとき、司祭のおごそかな説明には、どうしても納得のゆきかねる疑問が油然《ゆうぜん》としてわいてきた。とめようとしてもとめることはできない。しかし私は私の心に秘めただけで、司祭にはなにも語らなかった。私のブロークンな英語では、とてもできなかっただろう。私は司祭にうやうやしく一礼して、御堂を去ったのである。

＊　＊

ザビエー聖人の略伝を記そう。一五〇六年（永正三年、足利義澄の戦乱の頃。コロンブス死す）フランスの国境に近いピレネー山中の、ナバラの城主の子として生まれたイスパニア人である。若くしてパリに留学中、イグナチウス・ロヨラその他七人の同志と「禁欲、修業、異端折伏《しゃくぶく》（異教徒を説き伏せる）、異域布教」をモットーとして、一五三四年にイエズス会を創設した。当時の停滞堕落したカトリシズムにあきたらないで、新しく戦闘的で勇猛果敢な布教活動を念じたのである。若い血である。心である。行動である。『聖書』のマタイ伝の、

人全世界を受けるとも、もしその霊魂（アニマ）を失はば、何か益あらん、

という一節に深い感銘を受けて、若いザビエーは同志と結び、この教団の旗頭《はたがしら》の一人となったという。

ポルトガル国王ジョアン三世（一五二一—一五五七年）の懇請を受けて、アジアの住民を済度《さいど》するため、一五四二年（天文十一年）にインドのゴアに到着した。それからインドとスリランカ、東南アジアのマラッカとモルッカに布教し、一五四九年（天文十八年）八月十五日にわが鹿児島の土をふんだ。おること二年有余。平戸→山口→京都→山口→豊後（大分）と熱心に布教し、一五五一年十一月に豊後から出帆して広東とマラッカを経由し、翌年の二月ゴアに帰った。わが日本に、最初のキリスト教の種子《たね》をおろした偉大な聖人である。彼はインドのゴアから中国本土の布教を思い立ち、再びマラッカ経由で一五五二年に、現在のホンコンの近くにある上川（サンチュアン）島に辿りついた。ここは海賊のむれ集まる島で、殆ど無人であったらしい。聖人はわずか数人の従者をともない、破れ舟でやっとこの島に着いた。宿泊する家も無いので、破れ舟を岸につないで、不自由な起居をつづけ、中国本土潜入の機会をねらっていた。不幸にも熱病におかされ、十二月三日、中国人の従僕ただ一人に看護されて昇天されたのである。お年は日本流の算え方では四七歳。一五四二年にゴアに到着されてから、十年間というものは席のあたたまる閑《ひま》もなく、アジア各地の人びとに神の福音を広めようと、身も心もささげつくされた聖者である。私はカトリック信者ではないが、聖人の偉大な行動と足跡と、深い信仰に心をうたれる。聖人を尊崇することでは、誰にも劣らない。

しかしである。旧ゴアのボム・エス会堂で礼拝した聖人の御遺体が、現在なお生前そっくりのままであるという司祭の説明に、私は疑問をいだく者である。考えてもらいたい。一五五二年の十二月三日に昇天された。つきそう従者は一人である。マレイ半島のマラッカへ連絡することも、おいそれとはできない。海賊たちが時おりやってくる物騒な小島である。遺体を破船の船板でこしらえた柩に納めることが、やっとのことであったろう。それに当時の遠洋航海は、夏と冬を中心とする季節風を利用してこそ可能である。すぐ遺体をマラッカへ運ぶ便船などはもちろんあるはずがない。海賊の群《むれ》にたのみこんで、やっとマラッカへ通報できても、早くて翌年の秋からの東北風を利用してマラッカへ渡り、それからゴアに着くのがせい一杯であろう。だから翌年の十二月か、あるいは翌々年の一、二月にゴアに着くことになろう。そしてゴアで埋葬している。ところが没後の七〇年目の一六二二年に、ローマ法王から聖人の列に加えられた。それで六十数年前に埋葬した遺体を墓から掘り出し、銀製の柩に納め、ボム・エス会堂の祭壇に安置して礼拝し、今日にいたったのである。

ここでよく考えてください。

上川島からマラッカを経由してゴアまで運送する一、二年間の日数と、ゴアで埋葬していた六十数年間とを。仮にミイラ化していたとしても、生前のお姿《すがた》そのままの生ける如きであるとは、とても想像できないだろう。人気《ひとけ》の極めてまれな、不自由な海賊島での昇天である。モンスーンを利用する当時の航海である。ゴアで七十年近く埋葬していたのである。世人は、司祭は、聖人を尊崇するのあまり、誰いうともなく、聖人の御遺体は生前そのままの御姿であると語り合い、そう信じている。そう信じ切って疑わないことは、聖人の御遺徳をよく今日まで伝えるものである。私は考える。司祭の語るところは、私たちアジアの東西海上交通の歴史に関心を持つ者にとっては誤りである。とても信じられないことである。しかし、ひとつの歴史的事実以上に、そこには崇高な信仰が厳としてある。

事実は事実として考えなければならないが、信仰として厳然として守られ語られていることを、むげにしりぞけるわけにはゆかない。古跡を尋ねる多くの人びとに申しあげたい。伝統的な深い信仰によって守られ、語られ、崇拝されているものを、科学的な考え方と見解によって、いちがいに傷つけないようにしていただきたいと。

フランシスコ・ザビエー聖人の日本観——日本の銀とキリスト教(アニマ)

一五四二年か四三年(天文十一年か十二年)に、ポルトガル人は中国船に便乗して鹿児島の種子島に漂着した。その頃、中国船(ジャンク)は薩摩から南九州の沿岸諸港へ、年に三〇ないし四〇隻、多いときは一〇〇隻以上も来航していたと伝えられている。中国の生糸をもって日本の板銀に変え、それを中国へ売り、二重の利益を得ていたからである。このことを知ったポルトガル人は、一五四六(天文十五)年にはジョルジ・アルワレスのひきいる船とそれ以外の船で薩摩の山川あるいは鹿児島へ来航している。彼らの来航は次々と重ねられ、種子島渡来後三年の間に豊後まで来るようになった。こうして一五四三年から四八年の五年間に、

阿久根　川内　秋目　坊　山川　鹿児島　根占　湊(安岐町)　外浦(日向)　日向　豊後　佐賀関

博多

などに続々と入港し、日本人と言葉は通じなかったが、「権衡《はかり》と分銅(おもり)」さえあれば十分商売

はできたという。中国の絹を運び日本の銀を入手するのが目的である。

こうして一五四九（天文十八）年八月ザビエー聖人の鹿児島上陸となるが、同年十一月五日付けで鹿児島からマラッカのカピタンに宛てた書翰中で、聖人は次のような自身の考え方を記している。

都《みやこ》（京都）より陸路二日で、日本の主要な堺の港がある。神もし御嘉納あれば、大きな利益を収めることのできる一商館をそこに造ることである。凡そ日本の港のうちで堺は事実として最も富裕で、この国の金銀がおびただしく集まり来る所である。私は日本の国王からインドへ、使節を派遣することに全力を尽そう。これはポルトガルの威勢をその使節に実際に見せ、その諸国の物産で日本に欠くるものを視察させんがためである。その機会をもって、インド総督と日本国王との間に、商館設置の問題を協議しなければならない。――（中略）――もし貴下が私を日本における商務代理とされて私を信頼くださるなら、その信用によって送られる物に、一に対する百以上の利得を保証することができる。それはもって将来キリスト教に教化される貧しい日本に、寄与すること十分であろう。これは未だかつてマラッカのカピタンの企てなかった事業である。利益はとにかく保証されている。危険は絶対にない。けだし、このことの確実なのは、イエス・クリスト御自《おんみずか》ら来世のために百以上を保留し、そのうちから僅かな一を己《おのれ》にとることになるからである。私はこの提案が容《い》れられないのではないかとの懸念《けねん》は持っている。このように大きな事業は、貴下に悦《よろこ》ばれないのではないかとも考えている。もしこのことが成就しないことがあれば、それはカピタンの決断力がないからである。すなわちカピタンこそは、繁栄と富裕に縁のない人といわれる人である。

さらに聖人は、この書翰と同じ日付で、ゴアの神父アントニオ・ゴーメス宛に次のような報告を送っている。

パードレ（神父）たちの（日本へ）来るときには、貴下は総督から贈品の名義で珍貴な物品と一書翰とを、日本国王に送るように手配ください。私は事実として、もし日本でわが聖教に改宗することがあれば、ポルトガル国王にもたらされる物質上の利益の大であることを神にかけて信頼している。堺に一商館を建設することで十分であろう。堺は富裕な商人の住む一大貿易港で、日本のいずれの港よりも多き金銀を持っている。――（中略）――貴下は、総督閣下に、若し総督がパードレたちを運ぶ一船に、商貨を積載して日本に送ることを許可するときには、彼の愛顧する親族または友人に莫大な利得をそれによって得られることを、悟らせてもらいたい。この目的で私は貴下にミヤコ（京都）から二日路程の堺港で、売れ口の良い商品の目録を送る。私が本信と同封する目録に記載の商貨を積んでくれれば、日本へパードレたちを運んでくる人びとは、過分の金銀を得てインドへ帰ることができる。

以上は聖人が鹿児島に着いてから八〇日めの書信の一節である。彼はまだ日本の主都である京都も堺も見ていなかった。その後二年有余の間、九州、中国、畿内の各地を親しく踏査した後では、恐らく堺に商館（ファクトリー）を建て、自ら通商代理となって交易の基礎を樹立し、統制にあたるという意見はすてられたにちがいない。彼は日本との交易物資をはっきりあげていないが、しかし日本貿易が莫大な利益をもたらすものであるという確信は、依然として除かれなかっただろう。彼はこの事実をどこで、誰から得たのであったか。多分マラッカに往来していた中国人と、当時九州の南部に渡海していた中国人、それから同じくポルトガル人から、「中国の絹（絲と織物）・対・日本の銀」の交易の利益の莫大な事を聞いたにちがいない。まだ日本の諸事情に通じていなくても、堺が一大交易港であることを聞き、そこに商館を建て、日本国の使節をゴアに渡来させ、ポルトガルの偉大さを知らしめる。と同時に日本貿易を統制して独占する。これはまたカトリシズム布教の絶好の方法であると見とおしている。彼の考え方は甚だ雄大であり卓見である。

ザビエー聖人の渡来するまで、十六世紀前半のポルトガルのアジア貿易はインドのゴアを中心として、

インド南部マラバルの胡椒↓セイロンの肉桂↓マラッカを中継とする中国の物資↓モルッカとバンダの丁香と肉荳蔻

が根幹であった。なかでも丁香と肉荳蔻が最も利益を生むものであったが、原産地モルッカの住民はポルトガル人の意の如くならない。丁香のモルッカ支配は一五七〇年代には、完全にくずれている。

このことは彼らのアジア貿易の利益の半分以上を失うことである。ザビエー聖人は、日本渡来以前にモルッカに布教してこの事実を既に知っていただろう。そこに彼の日本発見があったのだろう。そして卓見が生まれたのであろう。

さて中国、嘉靖三十年（一五五一）から嘉靖四十年（一五六一、上杉・武田の川中島合戦の時）にかけては、有名な海賊、王直などを中心に倭寇の大猖獗を見た時である。数百の艦船をつらねて大挙中国沿岸の浙東と西南北浜《ひん》の海を毎年数隻をつらねて侵掠した。江蘇、浙江、福建の沿岸は常に侵され、ために中国商人の日本渡海は不可能となった。一五五〇年頃まで、盛んに九州南部で交易していた中国人は、以後十七世紀に入るまで日本渡海を断念しなければならなかった。すなわち十六世紀後半の五〇年間、有利な日本貿易は、マカオを根拠地とするポルトガル人によって行なわれることとなったのである。

すくなくとも一五五五年（弘治元、明の嘉靖三十四）前後には、ポルトガルのインド当局者をして、インドからどの方面への通商よりも、日本のそれを有望とさせ、これに政府独占の航海通商組織を適用させたのだろうか。それとも中国航海官許の制度が、日本まで延長され、その利益をあげることの莫大な結果が、自然に日本との交易を重要視させたのだろうか。そのいずれの経過を取ったとしても、既にこの黎明期の終りには、ポルトガル人の日本貿易に確固たる組織が作られるにいたった。言葉を変れば、個人任意の貿易、政府の介意せぬ貿易より、政府にとって欠くことのできない財源としての官憲の航海貿易に変じたのである。

と岡本良知氏（『十六世紀日欧交通史の研究』昭和十一年）はいう。まことに十六世紀半ばからのポルトガルのアジア貿易の衰退を補足するものは日本貿易であった。日本の銀であった。この事実を具体的にではないが、早く大観したのが日本上陸後早々のザビエー聖人である。聖人の目的はイエズス会本来のカトリシズムの弘布である。そうであっても「インド本土↑マラッカ↓モルッカ」を根幹とするポルトガルのアジア貿易の利益の過半が失われかけようとするとき、この損失を補うものは日本貿易であることを見抜いている。すなわち、軍事力を軸としてスパイスの支配（商業独占）とキリスト教の布教（アニマ。イスラム打倒）が車の両輪をなしていたが、軍事力が不足してスパイスの支配が意の如く進まないので、利益も低下してきた。これを救うものは、日本貿易によって利益をあげ、スパイス貿易における利益の減少を補うことである。と同時に日本にカトリシズムを弘めることである。遠い日本まで軍事力を及ぼすことはできないが、日本は商業（絹・対・銀）と布教でやってゆけると聖人は見通していたようである。

事実、マカオと日本（平戸から長崎）間の貿易統制は順調に進み、当時の日本の外国貿易はポルトガル人の一人舞台であった。と同時に、ザビエー聖人渡来後の三三年め（天正十年、一五八二。織田信長が本能寺で明智光秀に殺されたとき）には、

近畿二五、〇〇〇人　豊後一〇、〇〇〇人　下（長崎、島原、天草）一一五、〇〇〇人　計一五〇、〇〇〇人

の信徒があったという。そのころの日本の、近畿以西の人口は約一五〇〇万人であったから、一〇〇

〇人に一人のキリシタンであった。なんと意外な事実ではなかろうか。またポルトガル人貿易の中心である長崎県と熊本県を根幹としている。これは貿易（ポルトガルの商業）と布教（イエズス会のカトリシズム）が車の両輪をなしていることを示している。ザビエー聖人が見通されたとおりである。

（附言一）

およそ十九世紀の中期以前においては、宗教の伝播と商業の発展とは相依り相助けたものであって、ある宗教を奉ずる商人集団の進出とある地域における定住とは、まずその地域におけるその宗教の土着人あるいは先住者への伝播を促し、その後にその宗教の聖職者あるいは指導者の到来があって、一層組織的な布教が行われるのが普通である。敢えて言うならば、ある宗教にはその宗教の宗教圏、貿易圏というものがあったのである。従って国際性の高い宗教、即ち多くの信者を獲得し易い、あるいは獲得することに成功した宗教の布教圏には、その宗教を奉ずる商人の進出が活発に行われたのであった。この逆もまた真実であった。

これは榎一雄教授の『シルクロードの歴史から』（昭和五十四年）の一節である。十六世紀後半五〇年のポルトガルの日本貿易とイエズス会の布教は、実際にこのとおりであった。ザビエー聖人は、丁香のモルッカ諸島では布教の効果が上がらなかったという。既にイスラムに帰依していたモルッカの住民にしてみれば、新しくキリスト教に改宗することは、彼らの唯一の利益と、それによって得られる生活の安定の源泉である丁香を、あげてポルトガル人に渡すことである。商業と布教のアンバランスである。日本の場合は布教と商業とが平行している。ポルトガル人の来航地は同時に布教地である。商業を受け入れることは利益である。この利益を他に劣らないで享受するためには、新来のキリスト教を受け入れることである。ポルトガル船は布教区域に限って入港する。この港は同時に日本キリスト教布教の中心地である。当時のポルトガルの日本貿易は彼らに莫大な利益を与えるとともに、受け入れ側の日本人にも莫大な利益を与えたのであった。そして新来のカトリシズムは、唐《から》、天竺《てんじく》の仏教しか知らなかった日本人に、三次元の世界観に立脚する新しい視野を広げてくれたのである。(とまでいうと、いささかいいすぎる点もあろうが)

(附言二)

十六世紀末のオランダ人、リンスホーテンは日本(ヤパン)島で「この国には幾つかの銀山があり、ポルトガル人が毎年その銀をシナへ運んでいって、ヤパン人の必要とする絹その他の品物と交換する。ヤパン人は銀を探して売却するのが実に巧妙である」という。

日本の銀産出は戦国時代に入り、各大名の積極的奨励策によって飛躍的に増大した。当時代表的な銀山は石見の大森、但馬の生野、佐渡の相川、岩代の軽井沢などであったが、精錬の技術である灰吹法が中国から導入されて良質の銀の入手が可能になり、商品上の価値も高まった。十六世紀半ばには中国船、ポルトガル船による大陸（シナ）、東南アジアへの重要貿易品として銀の輸出は相当なものであった。小葉田淳博士は、一五八〇年頃にはポルトガル船だけで毎年銀五〜六千貫を輸出したであろうと推定している。——マカオ↓長崎間のポルトガル船は、銀を積むのが主な目的になっていたので銀船（ナウ・ダス・プラタス）とさえ称されていた。——これは十六世紀末のラルフ・フィッチが年間銀輸出を六〇万クルザードとのべているのによったものと思われるが、同じくディオゴ・デ・コウトは、この頃の日本の銀輸出量を金一〇〇万（多分、金クルザード）といい、また同時代の他の記録では五〜六〇万クルザード（二万ないし二万二五〇〇キログラム）とも伝えている。

十七世紀になると、海外に運ばれた日本の銀は年間一五万キログラムと推定され、これは当時のヨーロッパの年間銀産額平均四〇万キログラムの数割に当る数量であった。対日貿易にあたって、銀と交換に日本にもたらされたのは中国の生絲、絹織物であった。前のラルフ・フィッチは、「ポルトガル人は、シナのマカオから日本へ行くさいは、絹、金、麝香《じゃこう》、陶磁器を持って行くが、帰って来る時は、銀以外のものは持って来ない」といっている。ポルトガルが絹のために広東に投資した額は、十七世紀半ばのピーター・ムンディによると、年間一五〇万両（一〇〇万レアールに近い）に達したという。

三　蘭英のインドネシア進出と、スパイスで始まった二つの東インド会社

オランダの独立と彼らの活路

アメリカに植民地を持ち、東インドと直接交易する国々は、この巨大な貿易の外観と威容を享受する。しかし他の諸国は、彼らを排除しようとする一切の制限にもかかわらず、その利益の実質の大部分を享受する。スペイン、ポルトガル両国の植民地は、本国の産業よりも他の諸国の産業により以上の利益を与えた。（アダム・スミス『国富論』一七七六年の一節）

新大陸アメリカを植民地とするスペイン、アフリカ大陸の南端からインド、東南アジアにかけて広大な海洋を点と線で確保しようとするポルトガルは、結局のところアントワープを中心とする毛織物の仕上げ工業と、その金融資本によって支配されるようになる。十六世紀後半のことである。南ネーデルランドのアントワープ地方は、スペインとイギリス産毛織物の染色、縮絨（すなわち仕上げ）加工地として繁栄し、新大陸からスペインに輸入される銀は、毛織物製品の代価としてここに流れこむ。そしてこの地方の新興商人は、この豊富な銀をもってポルトガルが輸入したアジアのスパイスを買い

占め、ヨーロッパのスパイス取引でも彼らは優位に立っていた。だからアントワープは、ポルトガルのリスボンと密接に繋がっていた。

アムステルダムを中心とする北部ネーデルランドは、十五世紀の半ばごろ北ドイツのハンザ商業都市が勢力を失いかけたころ、新しく起った北海の鰊《にしん》漁場の開拓によって、塩の取引とともに鰊の精製に新しい産業の基盤を見出していた。彼らは十六世紀にアントワープが商業の中心となって発展すると、北海沿岸の穀物や船材をアントワープをへてイベリア半島に送付し、塩とスパイスを北ヨーロッパへ供給していた。また鰊と毛織物の生産につとめ、中継商人としてかなりの地位を占めるようになった。この地方はスペイン王で同時にドイツ王であったカール五世の領土であったが、彼が一五六〇年に退位する時、これを息子のスペイン王フェリーペ二世にゆずった。フェリーペは有名なカトリック信者であるのに、北部ネーデルランドはカルビン派のプロテスタントが盛んな土地であった。このようなカトリック対プロテスタントの対立と、スペイン派遣総督の悪政などから、一五七九年に北部七州は独立を宣言し、オランダ共和国を建ててスペインと武力抗争をつづけたのである。これに対しフェリーペ王は、一五七六年以後アントワープを掠奪し、彼は一五八〇年にポルトガル王を兼ねると、リスボンにオランダ船の出入を禁じ、一五八五年にはアントワープを占領してしまった。

この結果、アントワープの毛織物製造業者と密接に結びついていた商人たちは、アムステルダムを中心とする北部に移った。そして北部ネーデルランドの主要都市に新しく起った毛織物製造業は、オランダ独立の経済上の基礎となった。だからオランダ共和国は、独立のためスペインと戦うと同時に、彼らの経済上の発展を東西の世界貿易に求めねばならないこととなってくる。十六世紀の半ばごろから「北海沿岸とアントワープそしてリスボン」間の航海に従事していた彼らは、アントワープを失ない、リスボン入港を禁じられると、直接スペイン、ポルトガル両国の新航路に向って彼らの生きる道を見出す以外に活路はない。まだアントワープが繁栄していたころ、彼らの間に芽ばえていた中継商業的な性格は、南ネーデルランドの毛織物仕上げ工業技術を受けついでいても、根本的には中継貿易を中心として商業上の発展を計ろうとする。彼らが「毛織物製品↑対↓銀」の新大陸貿易より、むしろ中継貿易を主とするアジア貿易、銀さえあればやすやすと莫大な利益をもたらすスパイス貿易に、深い関心を示すようになるのは当然の成行きであろう。

彼らはこのように行動することによって自国の独立を強化し、信教の自由と富の増大を計ることができる。彼らは一五八〇年のリスボン入港禁止以前に、ヨーロッパの北部から極東に達することが可能であるという当時の地理上の見解にもとづいて、しばしば北洋探険を試みた。これはスペイン、ポルトガル両国の東西に発展している航海領域以外に、新航路を見出そうとしたのであるが、当時の航海技術では失敗に終ったこともちろんである。東西の新航路に食いこむことは、先進のスペイン、ポルトガル

両国と対立することであるから、そうたやすくはできない。また両国は、東西両航路の内容を絶対秘密にしていたから、両国以外の国々は、新世界の実際の航路を全く知らされていなかった。しかしオランダ船のリスボン入港禁止は、オランダにとって独立を維持し繁栄を計るため、東方アジアへ商業権を開拓することを至上命令としてしまった。東アジアの商業権、とくにスパイス貿易を掌握することが彼らの急務である。生きてゆく道である。

オランダ人のジャワ進出

十六世紀末のことである。それまで全く秘密にされていた東洋方面の航海の内容と実状が、初めてオランダ人に知らされた。リンスホーテンというオランダ人が多年ポルトガルのインド航海に従事して母国に帰り、一五九五年に『アジア水路志』を、翌年『東洋における葡人の航海とアジア事情誌』を刊行した。これは非常に人びとの注目を引いて、一五九八年には早くもその一部の英訳本が出たほどである。彼はジャワ島、特に西部のスンダは胡椒の大産地で、インド南部のマラバル海岸より品質がすぐれ、丁香、肉荳蔻などその他のスパイスの取引が大きいという。またポルトガル人はこの地方に進出しておらず、ジャワ人が丁香のモルッカ諸島とマラッカ間の中継取引に従事し、シナの銅銭、絹、陶磁器とインドのカンバヤ、コロマンデル、ベンガルの種々の綿布が盛んに需要されていると、ジャワの実態をかなり正確に伝えている。これはポルトガルのインドとマラッカそしてモルッカとの間の点と線の支配に対し、彼らの支配力の及ばないジャワを中心とする地帯の存在を喝破したのである。

そこでアジアのスパイス貿易を目的とする遠洋会社がアムステルダムに設立され、一五九五年に四隻の船隊がリンスホーテンをパイロットとして出帆した。彼らはアフリカの南端から一路、南半球の大海洋を東に航海し、ジャワのバンタムに達し、ジャカルタから東部のマドゥラ、バリ島を訪ね、胡椒を積んで帰国した。インド本土とマラッカを根拠地とするポルトガルの海軍をさけてのことである。

一五九五年の第一回の遠征航海に刺戟されて、アムステルダム、ロッテルダム、ミッデルブルグの諸都市に、アジア遠洋貿易会社が続々と生まれた。一五九八年の一年だけで二二隻であったが、一五九五年から一六〇一年までの間に計六五隻が派遣されている。各船隊は各遠洋会社の責任と計算において実行され、ジャワのバンタムを中心に活動を開始した。そして早く一五九五年には、モルッカ諸島のスパイスの現地における集散地アンボンとバンダに到達し、丁香と肉荳蔻の獲得に成功した。インドの胡椒と肉桂よりも利益をあげることのできる二つのスパイスを原産地で入手したのである。

彼らはポルトガル勢力の及んでいないジャワで、イスラムの支配者ならびに有力な商人とまず手をにぎり、ポルトガルの勢力から彼らを保護することに努めるといって、彼らから通商上の特権を得た。またポルトガルのマラッカの最も有力な対抗勢力であるスマトラ西北端のアチェ王国と、一六〇〇年には友好条約を結び、次々にマラッカの対抗者と手をにぎることを計った。オランダ人の敵は、ポルトガル人でありカトリシズムである。彼らがインドネシアのイスラムに求めたものは、通商すなわちスマトラ、ジャワの胡椒と、モルッカとバンダの丁香、肉荳蔲の獲得である。ポルトガルのように、軍事力を軸としたスパイス支配のためのイスラム打倒、すなわちカトリシズムの布教ではなかった。スパイスの支配獲得のため軍事力を備えているが、まずイスラムと連携してポルトガルの勢力を破ることである。西はスマトラ西北端、東はモルッカに行動し、インドネシアのスパイスを獲得しようとした彼らの活動は、インドネシアの中心であるジャワを足場として、その両翼を押えることとなる。それとともにポルトガルのマラッカの力を制するものである。

オランダ東インド会社の創立

十七世紀の末、オランダの各都市に生まれた遠洋会社が、個々別々にジャワを中心として各地のイスラム勢力その他と交渉するのでは十分でない。各会社相互の間に、利害の相反する場合ももちろんあったろう。このような対立と競争は、前期的な商業資本である各会社に破滅的な損害を与えることになるのは当然であろう。事実より見ても、各会社相互間の競争によって、ジャワのバンタムの胡椒とモルッカの丁香の買付け値段は騰貴し、反対に本国アムステルダム市場の販売価格は下落し、最初のスパイス貿易から生じた巨額の利益はいちじるしく減少するにいたった。こうして競争はすべての会社を没落させる危険を生むことになって、各会社の合併と、それによるスパイスの独占的な買占めと販売を計ることが、緊急の事態となってくる。

と同時に各会社が合同して十分な資本力を持ってポルトガルの軍事力と対抗し、またそれを打倒しなければならないという軍事的な考えと必要性はもちろんあった。しかしこれは各会社合併の直接的な推進力となったものではなくて、あくまでも間接的なものであった。軍事の問題は、商業の独占支配に従属していたのである。一部には合併反対の声もあったが、ついに各会社は合併してオランダ東インド会社（Vereenigde Oostindische Compagnie. 略称のV・O・Cから　を会社の紋章とする）を組織し、一六〇二年にオランダ政府の特許を得た。

特許状は会社の性格を十分に表現しているが、その骨子は次のようである。

(1) 会社はアフリカの喜望峰から以東、南米のマジェラン海峡以西の各地で独占的通商権を所有し、会社に関係のないオランダ人は、この区域内で商業を営むことを禁じられる。

会社の存続期間は二一ヵ年とし、必要によって継続することができる。

(2) 会社は議会に代り、会社が営業区域内の外国君主または国家と条約を締結し、軍隊を徴集し、城塞を建造し、貨幣を鋳造し、行政および司法を執行する吏員を任命する。

(3) 会社の吏員は、議会および会社に忠誓をちかう。議会は会社の高級官吏の任免に関して監督権を持つ。

会社は一〇年毎に議会と株主に対し、会計報告と事務報告を提出しなければならない。

(4) 会社は能う限り敵を撃破すべく、艦隊司令官は帰国後、航海日誌を議会に提出しなければならない。

(5) 会社はアムステルダム、ミッデルブルグ、エンクハイゼン、デルフト、ホールン、ロッテルダムの六部屋《カーマ》よりなり、各部屋ごとに支配人があって合計七三名であるが、自然に減少して六〇人となるまで補充しない。支配人中から一七人を選んで理事会を構成し、会社の最高機関とする。

(6) 何びとでも会社の株を所有することができる（一株の金額は一定していない。希望者は各自金額を申込むだけであった）。最初の資本総額は六五〇万グルデンである。そのうち特許料として議会へ納付する二万五千グルデンを、議会は会社に与えて議会の出資額とした。

東アフリカ、インド、東南アジアから太平洋にまたがる広大な海洋の商業を独占支配する唯一の会社である。商業独占のため、「軍事、外交、行政、司法」その他一切を行う権限を、オランダ政府（すなわち議会）から与えられた驚くほどの権力を持った会社である。ポルトガルのアジア貿易、特にスパイスは王室の独占である。彼らは商業すなわちスパイスの支配のため、カトリシズムの布教すなわちイスラム打倒を車の両輪とし、軍事力を軸とした三位一体であった。オランダの場合はプロテスタントで、その布教は念頭にないから、イスラム打倒ということは無く、むしろ彼らと握手してポルトガル勢力打倒の方が先行している。商業すなわちスパイスの支配が主体であるが、そのためには軍事力がともなわなければならない。この軍事力はまずポルトガルのアジア貿易の打倒であるが、これが着々進むと、会社の主要基地を確保するために必要な手段となる。そして軍事は司法、行政、財政など、基地の支配力を強固にするために拡大してゆく。ポルトガルの行動は、多分に中世的な匂いを持っていたのであるが、オランダは議会に代る株式会社として近代的な先駆者であったといえる。しかし彼らは、軍事力とスパイスの支配を両翼としたのであった。

会社自体の構成から見ると、アムステルダムほか五カ所の大小会社が合同してできたのであるから、各会社からそれぞれ要求が出たにちがいない。それで部屋《カーマ》を六カ所に置き、最初から六〇人でよい支配人を七三人とし、各部屋に割当てられた支配人の数にも異同があった。また出資の資本金に異同があるのもそのためである。次に会社の資本と人的構成を示そう。

部屋	支配人	理事	資本額（特許料を含む）
アムステルダム	二三	八	三、六八七、四一五フロリン
ミッデルブルグ	一四	四	一、三〇六、六五五
エンクハイゼン	一一	一	五四一、五六二
デルフト	一二	一	四七〇、九六二
ホールン	四	一	二六八、四三〇
ロッテルダム	九	一	一七四、五六二
計	七三	＊一七	六、四四九、五八六

＊ 他にアムステルダムを除いて各部屋から交替に一人を出し一七人となる。

この表でわかるように、会社の全資本の五七パーセントはアムステルダムににぎられ、会社最高の執行機関である理事会の一七人中、八人はアムステルダムで占めている。だからアムステルダムを中心とする会社であるといってよい。また各理事は、個人としてオランダの商業資本を代表する有力者であって、各自相当以上の商業活動を行っている。東インド会社が東南アジアから輸入するスパイスすなわちアジアの商品は、理事会が決定する指定値段あるいは競争入札によって売却される。この場合、買手は理事個人の営業する商社、あるいは彼らが支配する営業体であるのがほとんどであった。会社自身は東アジアのスパイスの独占支配で相応の利潤を計上するが、会社の理事は、彼らの役分に応じる収入と、会社の払い下げ品を獲得し、それを北ヨーロッパ各地に販売することで巨大な利益を占める。会社を食いものにしているとはいえないだろうが、仕組みはこのとおりである。そしてアムステルダムの商業資本が会社全体の過半を占めている。オランダ商業資本の中継貿易的な性格を核としているのが「連合東インド会社」である。

英国の躍進とロンドン東インド会社

英国は十四世紀の半ば頃まで羊毛の生産地であったが、十四世紀の後半には毛織物の製造工業が始まっている。十五世紀に入ると国民的な輸出工業にまで発展し、十六世紀末にはオランダとならんで一流の毛織物生産国であった。南オランダと異なっているのは、織布工程の経営が中心であって、仕上げ工程まで進歩していなかったことである。彼らはアントワープとスペインへ製品を輸出していた。特にスペインは、十六世紀末にはアントワープとならんで、英国製品の二大市場となっていた。そして一五八五年にアントワープがスペイン軍に占領されると、一部の毛織物仕上げ技術者は、戦乱をさけて英国へ渡り、英国の毛織物工業は一段の進歩を示すにいたったが、オランダの製品には、まだ十分に対抗し得るまでの状態ではなかった。それでも彼らの製品の対価として、新大陸の銀がスペインから英国へ流れこむようになったのは事実であった。こうして彼らもまた、スペインを排除して直接新大陸へ毛織物の輸出を計画するとともに、銀によって莫大な利益をもたらす東インドのスパイス貿易に参加しようという考えをいだくようになるのは当然のことである。英国の冬はきびしい。塩漬の肉と塩乾魚が彼らの通常の食品であるから、スパイスがなければ臭くてとても口に入れられない。彼らは毛織物の輸出によって、古くはイタリアと北ドイツのハンザ商人から、十六世紀にはスペイン、ポルトガル両国あるいはアントワープからスパイスの供給を受けていた。しかし十六世紀の後半になって、毛織物の輸出による銀の豊富な輸入によって産業資本の富が増加すると、船舶の保有量も十分となって、彼ら自身による海外進出が開始される。そして自国民の消費するスパイスの輸入だけではなくて、スパイスの中継貿易によって生じる巨額の利潤を獲得しようと考えるようになる。

最初はなるべくスペイン、ポルトガル両国との摩擦をさけるため、東北のロシア貿易と近東貿易に主力を注いだ。しかしこれは北部ヨーロッパをへて、ロシアあるいは近東地方にいたるもので、スパイスの入手は例えできたとしても、なかなか高くついて引き合わない。十六世紀の末から、オランダはスペイン、ポルトガル両国に対抗して、アフリカの南端から直接ジャワに航海して、スパイス貿易に参加するにいたっている。英国人がこのような現実を、指をくわえて眺めているはずはない。その一つの手段ではなかろうが、公許された私的な海賊船隊(a privateering expedition)が、一五八〇年代には盛んにスペインの銀船隊をおそい多大の効果をあげた。そして私的海賊を目的とする特権的な会社企業が続々と設立されている。エリザベス女王（一五五八―一六〇三年）自ら出資した、この種の会社さえあったというほどである。このような海賊行為は、スペインの財政的な基盤に動揺をさえ与えたのであるが、他方では無償で獲得した巨額の銀は英国王室の財政を補強し、また外国貿易会社の資本金の重要な部分を形成するにいたった。殊に一五八八年に当時最強を誇っていたスペインの無敵艦隊を撃破してから、英国の海上勢力はヨーロッパ唯一のものとなって、英国人はアジア進出可能という自信のほどを強くしたのである。

早く一五七七年にフランシス・ドレークは大西洋を航海し、南米のマゼラン海峡から太平洋に出て遠くモルッカ諸島にいたり、ジャワをへて一路南半球の大海洋をアフリカの南端に向って横断し、本国に多量のスパイスを積載して帰国した。彼は世界周航の確実なことを証明するとともに、優秀な船舶と航海技術を具備すれば、スペイン、ポルトガル両国の海上権力におびやかされることなく、東インドでスパイス貿易に参加することのできること、それから非常に利益のあることを英国人に身をもって知らせたのであった。その後、英国人による東インド航海は数回にわたって敢行されたが、どれも間歇的で統一を欠き、各々個別的なほしいままの航海で、オランダの有力なアジア遠洋会社と対抗することはできない。彼らの独占に近いスパイスの獲得を傍観しなければならないありさまであった。

そこでロンドンの有力な商人は、連合して東インド貿易に直接参加する計画を立て、一五九九年九月に会社の創立を決議し、エリザベス女王に特許状の下付を申請した。そして、一六〇〇年十二月に一五ヵ年の期限をもって特許を得たのが「ロンドン東インド会社」"The Governor and Company of Merchants of London Trading into the East Indies."である。最初の株主は一二五名、資本金七二万ポンドで、オランダ東インド会社の約十分の一の資本金にしかすぎなかった。

女王の特許状に示された会社の性格を要約すれば、次のようである。

(1) 会社自身の負担と責任をもって、一回または一回以上、東インド、アジア、アフリカ諸国および諸島へ航海することができる。

(2) 一名の総裁と会社一切の経営を処理し航海を指揮するため、毎年二四名の委員を選任し、連帯で責任を負う。

(3) 総裁と委員は女王に忠誠を誓う。

(4) 会社は喜望峰よりマゼラン海峡にいたるアフリカ、アジア、太平洋一切の諸島、港湾、都市と、向う一五ヵ年間、自由かつ独占的に通商を営むことができる。

(5) 会社以外の者は、会社の許可がなければ、前記の地帯の通商に従事することはできない。

会社は一六〇一年に第一回の船隊を出し、一六一二年までに九回に及んでいる。最も成功した航海では二三割四分の配当があったという。しかしこれらの航海は各個航海と呼ばれたもので、会社の株主は数個の出資団体にわかれていて、各団体がそれぞれ船隊を派遣し、各自の航海毎に彼らの利益を計算し、損失を負担する制度である。だから当時の「ロンドン東インド会社」は、数個の東インド会社の連合体のようなもので、各個別に航海と貿易を行なっていたのである。オランダ東インド会社設立以前の、オランダ各都市の遠洋会社のように、会社内の各団体相互の間にまず激しい競争を生むにいたった。これでは連合体内部で、それを組織している各自が立ってゆくことはできない。ましてオランダ東インド会社と現地で競争し対立してゆくことはできない。それで一六一二年に、従来の各個別の航海を廃止し、会社の全資本を合同し、総裁と委員の管理の下に一切の事業を会社全体のために行なう制度に改めた。こうして初めて確固とした基礎と統一のある組織をもって、東インド貿易に進出できるようになった。

しかしオランダ東インド会社とくらべて、どうであろう。アジアにおいて排他的な独占貿易を営む一切の特権が認められていることは、両者とも同じである。英国の方は、王室の干渉なしに会社自身の内規を制定して、オランダより会社の自治的な色彩を濃くしている。もちろん銀を輸出して、スパイスを東インドから輸入し、自国内および北部ヨーロッパ各国に転売するという中継商業に、主眼がおかれていたことは両者とも同一である。しかしこの中継商業を実行するために、強力な軍事行動を現地で展開することについては、オランダより弱かったようである。あくまでも中継商人的な性格と実体でありすぎた。この点では、オランダ東インド会社より一歩前進している近代的な会社であったといえよう。しかし十七世紀前半の東インド諸国の実状は、このような性格の会社の進出を許すまでにはいたっていなかった。またオランダ東インド会社と競争するためには、現地で強力な軍事力がまず必要であった。

十六世紀前半の英蘭両東インド会社の実態（その一）

二つの東インド会社については、従来「政治、外交、法制、経済、会計、軍事、海事、植民、宗教、歴史」など色々の角度から、多くの人びとによって研究されている。アフリカ大陸南端の喜望峰から南米のマゼラン海峡に及ぶ広大なアフリカ、インド、東アジア、太平洋の各海域で、独占的通商権を持つ国家に代る大商事会社である。その目的を遂行するため、この地域内で軍事、司法、行政その他を施行する絶対権を持っている。しかし商業上の支配権の把握と確立が至上命令である。海賊もやる。人殺しもやる。すべてはマーキュリーの神のもとに、国王と議会の名によって貿易の独占と支配を実行するだけである。だから二つの東インド会社の初期の実態は、本国と東インド間の商品の輸出入状態によって、端的に表現されるだろう。

スエーデンのクリストフ・グラマンは、オランダの既刊・未刊の根本資料を精査して『一六二〇—一七四〇年、オランダのアジア貿易』（一九五八年）を著わした。彼はヨーロッパの主要輸出品である金銀塊と貨幣に対し、主要輸入品として「胡椒、スパイス（丁香と肉荳蔻）、絹糸布、織物（綿布）、砂糖、日本銅、コーヒー、茶」をあげ、各項目別にオランダを中心として精確に調査している。そして西葡↑対↓英蘭、各国の本国と出先とくに東インドにおける戦争対立の激化、あるいはアジア各地の主権者との間の尖鋭化がなかった比較的に平穏な時期こそ、両東インド会社の本領を最もよく発揮したものと見ている。戦争、侵略、海賊、掠奪その他の類似行動は、会社の独占支配を高め維持するための手段と方法である。両東インド会社にとって、それらの手段に強弱はあっても、手段であることに変りはなかった。だからそれらの強硬手段によって得られた平穏な時期こそ、会社の営業目的を十分に実行できた時である。とすれば、この時期をえらんで会社の輸出入状態を見れば、会社の性格がかなりはっきり描き出されるであろう。

年	1619 -21	1648 -50	1668 -70	1698 -1700	
丁香 肉荳蔲	18	18	12	12	
			31	11	
				8	茶
				4	
				5	コーヒー
				5	
胡椒	56	50			
			6		
			4		
金属			5	55	
			6		
		9			
砂糖 硝石		7			
		2			
染料 薬品	10				
綿布 織物	16	14	36		
%	100	100	100	100	
1.000fℓ	2.943	6.257	10.813	15.026	
指数	100	210	370	510	

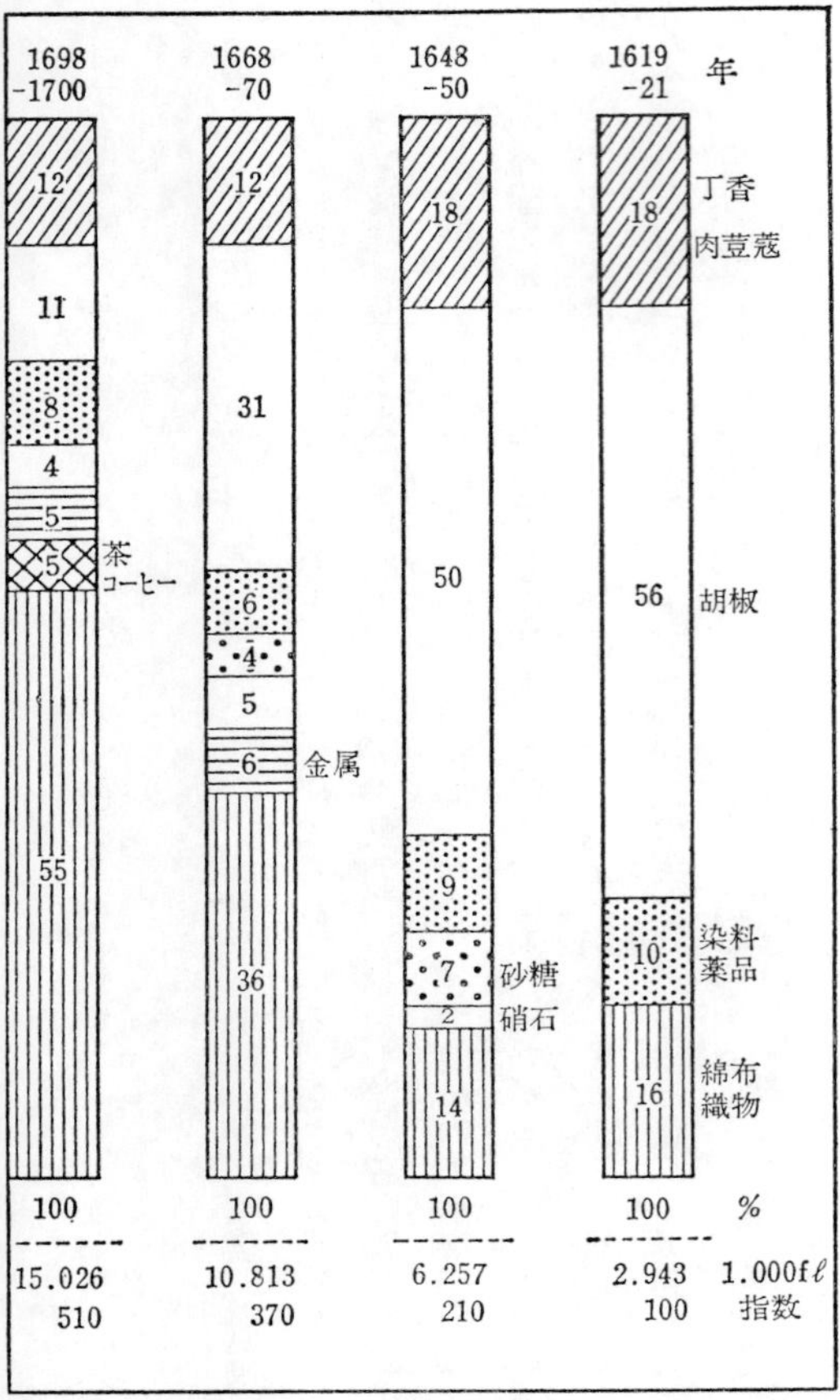

17世紀オランダ東インド会社主要輸入品の値段百分比
（グラマン氏による）

グラマン氏は十七世紀の一〇〇年間で、以上の考え方に最も適し、かつ正確な資料のある年をえらび、オランダ東インド会社の主要輸入品のインボイス値段を百分比で、前頁の表のように示している。一〇〇年間を通じ、大体二〇ないし三〇年毎に表示しているが、輸入総金額は下段に記しているように逐次増加して、最後の年は最初の五・一倍に増加しているから、各商品もその比率で増加している。

この表によって判明するように、十七世紀の前半は胡椒時代である。それに丁香と肉荳蔲のスパイスを加えると、全体の七〇—七五パーセントは香料で占めている。このような香料時代は、一六五〇年を頂点として後半は織物（綿と絹）時代に移る。そして十八世紀から茶とコーヒーなどが、やがてスパイスにとって代る萌芽を示している。しかし全体の輸入金額は増加しているから、例えば胡椒が一六九八—一七〇〇年代には総額の一一パーセントであっても、初めの一六一九—一六二一年代の五六パーセントとほぼ同一の金額である。だから輸入量は減少していないように思われる。丁香と肉荳蔲については、四時期を通じて、一八、一八、一二、一二パーセントとなっているが、総輸入金額から見て、最初を一〇〇とすれば、二一〇、三七〇、五一〇となっている。すなわち金額と量ではむしろ増加している。一六二三年のアンボイナにおけるオランダ人の英国人と日本人（傭兵）虐殺事件以後、オランダ人はモルッカの丁香を完全に独占してしまった。彼らは、原樹の本数を制限し、あるいは現地で過剰分と考えられる丁香を焼却したほどである。またバンダでは原住民に強制立ち退きを命じ、こうして完全なスパイスの支配をモルッカとバンダで断行した。それというのも、スパイスの独占と利益を確保するためである。ここにオランダ東インド会社として、一定の収益を確保するため最後のラインが厳としてしかれている。だからモルッカとバンダの現地では、あらゆる非人道的な残虐行為が平然として繰り返され、この諸島の完全な支配すなわち占領となったのである。

以上はオランダ東インド会社の輸入であるが、ロンドン東インド会社についても、総金額と量では劣っているが、輸入各商品の占めるパーセンテージは大体同じであると見てよかろう。バル・クリシナの『十七、八世紀英印通商史』（一九二四年）は、半世紀前の研究であるが、当時としては根本史料を利用してよく概観している。ただグラマンの精査（一九五八年）とくらべると、推定の数字（量）などがやや過大に見つもられている欠点はある。その点はおくとして、両氏により一例を胡椒について見よう。一六二二年にオランダ東インド会社の一七人理事会は、当時の全ヨーロッパ胡椒の年間消費量を約三一〇〇トンと見つもり、オランダ一九〇〇トン、英国とポルトガル各六〇〇トンの輸入と推定している。量的に最も大であった胡椒で、英国は大体オランダの三分の一以下であるから、全アジア貿易についても同一のパーセンテージ、あるいはそれ以下であった。その二、三年前の一六一九年に、オランダ人はジャワのジャカトラを占領してバタビヤ城市の建設を始め、東インドの支配を強固なものにしようと、強力な軍事行動に出ている。この年、英国とオランダの本国では、スペイン、ポルトガル両国のアジア勢力撃滅のため防禦同盟が締結されている。両国は平等に防禦費用を負担する代りに、胡椒は各々二分の一、モルッカのスパイスはオランダ三分の二、英国三分の一を取得することに決定した。しかしジャワのオランダ東インド会社は、本国の意向を無視してモルッカのスパイスの独占を強行し、一六二三年のアンボイナ虐殺事件以後、完全にスパイスを独占してしまった。国家と本社の意向を無視しても、会社の利益の前には何ものもないという態度こそ、現地におけるオランダ東インド会社の現実の行動であったろう。オランダ人はスマトラ東部とジャワの胡椒についても、同じような政策を実行したから、英国人は当時の輸入量の六〇〇トンの内、半分はスマトラ島西北端のアチエ、あと半分はインド南部に供給をあおがねばならなくなっていた。すなわち資本力が劣り、軍事力においてオランダほど重点を置かなかったロンドン東インド会社は、東インドの胡椒とスパイスの獲得から後退を余儀なくされたのである。オランダより一歩進んだ自治的色彩の強い英国の東インド会社は、余りにも商人主義的で、ジャワを中心とする東インドの現地で一歩後退せざるを得なかった。

十六世紀前半の英蘭両東インド会社の実態（その二）

両東インド会社の輸出、とくに香料の対価として支払われるものについて考えなければならない。輸出はほとんどが金銀塊と金銀貨幣の現送で占められている。しかしこれとともに忘れてはならないのは、輸入品の買入れ原価として今一つ大きな部分を占めている船舶の造船費と航海諸経費の支出のあることである。一航海に必要な全体の費用と輸出商品とのパーセンテージは、大体次のようである。

金銀塊と貨幣	45
雑品	10
船舶艤装代、食糧、人件費その他航海に必要な一切の支出	45
	100

船舶代は現代の考え方からすれば、一回の航海で全額を償却するものではもちろんない。しかし十七世紀初めの航海は、まだスペイン、ポルトガル両国の海上勢力が強固で、いつ拿捕されるかわからないという危険が十分にある。それにイギリス、オランダ両国の対立と闘争もある。また往復海上の難破、沈没その他の海難も、十分考慮に入れておかねばならない。だから仮に年五隻の船隊を出したとしても、スムースに行って三・五隻の帰国率、一・五隻の全損が、大体初期の実績である。往復途中で難破すれば積荷はゼロに近いのである。無事帰国できたとしても、往復の航海で船は想像以上に損傷していることが多い。そしてこの修理費は莫大であった。このように見てゆけば、船舶関係の費用を一航海の収入で償却する位に見つもっておかないと、とても引合うものではない。しかし一六四一年のオランダ人のマラッカ占領と英国人のインド後退によって、二つの東インド会社の勢力分野がほぼ決定し、スペイン、ポルトガル両国の海上勢力が失われ、船舶の航海技術も進歩して一回限りで償却する必要性が減少してくると、この部分は年次償却となって全体に対して占める比率は減少してくる。グラマン氏は十八世紀に入ってからの一例の比率をあげているが、内容の正確に近い点はオランダ東インド会社の帳簿記録の不完全なことからよくわからないようである。

船舶代と輸出の金銀塊（貨幣）に対して、次に考慮しなければならないのは、金銀で購入した当時の主要輸入品が、すくなくとも原価の四または五倍以上の値段で、ヨーロッパで売却される必要のあったことである。多くの人は、あまりに巨額の利益率のあったことに、ともすれば目をみはりがちである。しかし次の簡単な表を一見すれば、それだけ以上の利益率がなくては、とうてい当時の貿易は成立しなかったことである。仮に一回投資（支出）の二倍の収入をあげるためには、次のようである。

	輸入		輸出	
100	68	香料	45	金銀
	18	雑品	10	雑品
	14	織物	45	船舶代と航海費
200			100	
300				
360				

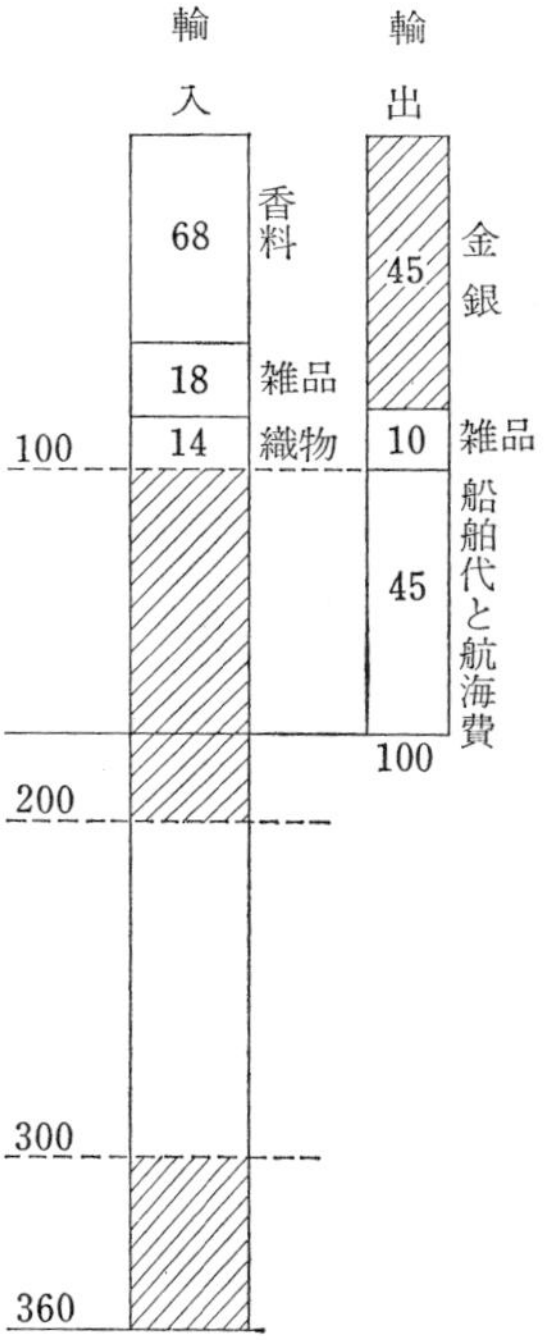

輸出投資（支出）分中の船舶関係費を除いた五五パーセントの金銀その他の商品で、香料その他の商品を買入れ、全投資分の二倍の収入を得るためには、すくなくとも買入れ商品全体が原価の三・六倍に売れなくてはならない。ただこの表は極めて大胆かつ粗雑で、例え船舶関係の支出を前記のような理由から一回で償却しているとしても、買入れた商品が完全に本国へ到着することは見込めない。海難は別として、商品の海上輸送中の損害率はすこぶる高い。それから輸入商品が平均して三・六倍となるためには、ある商品、特に胡椒とスパイスなど商品の主体となるものが、相当以上の倍数となることが必要である。胡椒は一〇倍、丁香と肉荳蔲はインドで原産地の二〇倍から三〇倍、ヨーロッパではその数倍の値段であったというのは当然である。しかし数量の上から香料中の大部分を占める胡椒は、オランダ人の買付けだけではなく、イギリス人の買付けもある。それから東南アジアではイギリス、オランダ両国の買付け量以上に、それ以前から東北中国の大需要がある。インドでは、ポル

トガル人とイギリス人の買付け以上に、西南アジア（ペルシアとアラビア）とレバント、アフリカの需要が厳としてある。自然、胡椒の原価はインドでもジャワ、スマトラでも高くなって、べらぼうな利益は望めなくなってくる。ヨーロッパの市場ではポルトガルとともにイギリス、オランダの供給があって、オランダ一国だけではないから、売却値段もオランダの一存のようにはゆかない。であるからオランダはモルッカの丁香と肉荳蔻の独占支配によって、それから得られる利益率をもって全収入の維持を計ったのであった。しかし北部ヨーロッパの丁香と肉荳蔻の消費量には限界がある。オランダ東インド会社は、そのため現地の生産量を政策的に非道な手段で減少させ、値段の低落を防止しているが、数量に売価を乗じた総収入は、十七世紀の後半に前半の三・七倍から五・一倍になっていても、これ以上は望むことができない。

それからヨーロッパとインド、東南アジアでは金対銀の比率が異なっていた。アジアでは銀の価値がヨーロッパより高かったので、ヨーロッパから銀の輸出を多くすれば、現地へ輸送しただけで、それだけの為替差益を生んでいる。前の表示では、これを考慮に入れていない。ヨーロッパからの輸出が銀を主体とした理由の一部は、ここに求められよう。投資資金の回収にいたるまでの利息も考えなければならない。

終りに東インド会社の諸経費がある。ヨーロッパ向けスパイスを支配して高く売るためには、現地で必要な各地に要塞（フォート）とファクトリーを置かねばならない。東インド各地に艦船を航海させて、海上のラインを確保することが要求される。占拠した各々の拠点で貨幣を発行し、司法と行政を施行し、現地の中継貿易に介入して利益をあげるとしても、すべての行動を維持するための軍事費の支出は莫大である。本国の本社の諸経費と利益も忘れてはならない。このように考えると、胡椒とスパイスがヨーロッパで何十倍になっていたとしても不思議ではない。しかしスパイスだけの中継貿易では、とても引き合うものでないことがやがて明白となってくる。

英蘭両東インド会社の転進

オランダ東インド会社の十七世紀前半における、ジャワ島を中心とする行動と対本国間の貿易状態を見てゆけば、一六二〇年代にロンドン東インド会社がインドネシアから後退しなければならなかった次第がよく理解されるだろう。両会社とも同一方針のスパイスを中心とする中継貿易会社で、ポルトガルのインドにおける勢力をさけてジャワを基地として活動を始めたのであるが、英国はオランダの三分の一あるいは六分の一の資本力しかなく、軍事行動ではとても対抗できなかった。そして当時の利益を最もよく確保してくれるモルッカのスパイスを把握することができなかったのは、英国人にとって致命的であった。

オランダは一六四一年にポルトガルのマラッカを占領して、ジャワを中心とするインドネシアの確保に成功する。これは「ゴア→マラッカ→モルッカ」と「マカオ→日本」を結ぶポルトガル人東アジア貿易の大動脈を完全に切断したのである。これによってポルトガル人の勢力は落日の運命をたどり、僅かにインドのゴアで余命を保つにしかすぎなかった。インドネシアから後退を余儀なくされたイギリスは、このような機運に恵まれてインドに拠点を占めることに成功するのである。十七世紀後半の一六八八年にオランダ東インド会社の理事会は、全ヨーロッパの胡椒年間消費量を三四〇〇トンと見つもっている。内一八〇〇トンはオランダ、一六〇〇トンはイギリスの輸入分であったというが、イギリスはほとんどインドから輸出したのだろう。この場合スマトラ西北部のアチエの胡椒が、イスラム商人によってインドに輸送されていたはずである。ただ全ヨーロッパの必要量が、イギリス、オランダ両国によってほとんど供給されていたというのは、どうであろう。インドからペルシア湾経由のイスラム商人による輸送は、オランダ東インド会社の推定量以外にあったと思われるが、これは別として、イギリス人のインドにおける進展のほどは推定できる。

もちろんオランダも、インドからペルシア湾入口のオルムス方面へ早くから手を出している。インドネシアのスパイスを有利に手に入れるためには、インドの綿布を供給するのが一番よろしい。本国の銀をインドで綿布に代え、インドネシアのスパイスと交換すれば、本国から積み出す銀の量はそれだけすくなくてすむ。しかしモルッカのスパイスによる独占利益を確保するためには、どうしても「マラッカ↑ジャワ↓モルッカ」の間に主力を注がねばならない。インド方面への進出は二次的なものとなる。ところがヨーロッパの胡椒とスパイスの消費量には限界点があろう。人口などの急激な増加を見ない限り、従来よりの自然増以上には見込めない。一定のラインが生じてくる。スパイスと併行して、あるいはそれ以上に、アジア貿易の主体がインドの綿布とペルシアの絹布へと移ってゆくと、それだけでもオランダ東インド会社の前途は暗い。十七世紀の初めとは異なって、各主要な拠点に要塞とファクトリーを設け、独占支配を維持するための軍事費の支出をカバーしなければならない。モルッカのスパイスが、最低限の利益収入を保証してくれていても、全体の収益に対する比率は、他の商品の利益率の減小と、軍事費の支出その他の増大によって弱体化してゆく。こうして「茶、コーヒー、砂糖」など新しい商品の生産と輸出に力を向けなければならないようになる。十七世紀前半の香料時代のように、軍事力を背景としたヨーロッパとの中継商人的な運営が中心では駄目である。早くからシャム(タイ)、インドシナ、中国、台湾、日本と東方アジア諸国間の中継貿易に介入し、あるいは西方インドとペルシアへ手を伸ばしているが、そのためには軍事費と見られるもの、その他の費用が一層拡大して、会社の財政は苦しくなるばかりである。こうしてオランダ東インド会社は自ら生きてゆくため、本来の中継商事会社の看板をおろして土地支配を根本とする植民地会社へ転進し、ここにインドネシアの植民化が開始されるのである。

モルッカのスパイス支配とジャワの胡椒の競争にやぶれてインドに後退したロンドン東インド会社は、インドの綿布をつかむことによって順調に地歩を占めるかというと、簡単にそうはゆかない。ここにもオランダ東インド会社と同じように、性格的な破綻があった。たとえ綿布が香料にとって代っても、まだ中継貿易の会社である。だから同じように後で強力な植民地会社へと転進し、土地支配によって綿花の栽培と綿布の手工業生産を隷属化してこそ、彼らのヘゲモニーは成立する。十六世紀初め、ポルトガル人渡来前後の南アジアの通商貿易は、インドの綿布を中心に、イスラム商人によってアフリカ大陸と東南アジアを結んでいた。イスラム商人は綿布の通商と貿易に従事し、綿花の栽培あるいは綿布の手工業生産の過程には食い入っていなかったようである。二つの東インド会社は、香料時代から綿布時代に移ると、ヨーロッパ向けの中継貿易とともに、東アジア↓インド↓西南アジア間の中継貿易に介入して、会社の打開を計ろうとする。彼らは十六世紀のポルトガル人のように軍事力を軸として、イスラム打倒の直接行動は取らなかったとしても、イスラム商人の貿易活動に相当の影響を及ぼしたのは事実であろう。ましてロンドン東インド会社が、インドの綿花栽培と綿布の生産過程に食いこんで、これを支配するようになると、綿布の流通過程を握っていたイスラム商人の活動は根本からくずれることとなる。そしてやがては、英国がインドを中心にアフリカ、西南アジア、東アジアへと広大な植民地を領有してゆく根拠を形成する。

しかし両東インド会社の転進以後のことは、香料時代の歴史の枠の外にある。一六五〇年をピークとした時代までが、香料の歴史である。十七世紀の前半に、スパイスが黄金時代の最後の花を咲かせた時が、その歴史のクライマックスであった。二つの東インド会社の進出は、このため以外には何ものもなかった。だから初期の両会社はスパイス専門の商事会社であった。このことが、やがて二つの会社が各々辿って行く道を作ったのである。十七世紀前半のアジア各地におけるドラマチックな両会社の闘争は、これによってのみ理解されよう。十七世紀の後半からスパイス時代が下降のカーブを取って、綿布、茶、コーヒー、砂糖などに代ると、二つの会社は各々の生きてゆく道をインドネシアとインドに求めた。そこで彼らの性格上の転進が生まれ、その結果は前代以上に苛酷な残忍非道極まる行動が、アジア各地の住民の上に下されたのである。

四　十六世紀末、リンスホーテンの記述するスパイス（資料）

はじめに

オランダ人、ヤン・ハイヘン・ファン・リンスホーテン（一五六二〔六三とも〕―一六一一年）の『東方案内記』については、本書で前に極めて簡単にふれているが、ここに改めて記そう。彼は兄弟を頼って一五八〇年一月にセビーリアに渡り、同年九月リスボンに行き、兄弟の縁でインド・ゴアの大司教、ヴィセンテ・ダ・フォンセッカに仕えることとなり、一五八三年九月ゴアに到着し、八八年十一月まで、五年余をこのゴアですごした。この間、彼はゴアの状況をはじめ、ポルトガルのインド支配、東南アジアの地理、歴史、民族などの研究につとめ、帰国の際には胡椒仲買人となって取引の実際を経験している。一五九二年一月リスボンに帰り、同年九月故国エンクハイゼンに帰還したが、故国を離れてから一二年九カ月余り、三〇歳であった。

帰国後、彼はインド滞在中に書きためた原稿を整理し、ポルトガル人のアジア各地における航海・貿易の実情を伝えた記録をまとめあげ、一五九五年から翌年にかけ、

『東方案内記』と『ポルトガル人航海誌』に『アフリカ・アメリカ地誌』を加えた『イティネラリオ』三部作を出版した。こうして従来オランダ人その他に全く知られていなかったポルトガル人勢力圏内のアジア各地の実情が初めて紹介されたのである。

彼は『東方案内記』で、インドのゴアを中心に「統治組織、商業、住民、生活、度量衡」など詳細に実見記をまとめているが、インドの動物、植物、果物、薬草、スパイス（全九九章の内、六二―八三章）、宝石類などの物産について実際の見聞から記述している。十六世紀ポルトガル人のインド進出は、スパイスの独占支配であったから、彼もまたスパイスの記述に最大の努力を払っている。私は、ここに彼の「胡椒、肉桂、丁香、肉荳蔻」についての全文を記すことによって、当時のヨーロッパ人が知ったスパイスの最高知識を資料としてあげる。「スパイスとはなんであるか」という回答を、十六世紀当時、最もスパイスに精通していた彼に求めようとする。彼のなまに近い叙述によってである。

しかし、彼の報告の前にスパイス（香薬）について二人の代表的な著作のあることを忘れてはならない。一人は有名なガルシア・ダ・オルタ（一四九〇―一五七〇年）の『インド薬草・薬物対話集』（ゴア、一五六三年）である。彼は約三六年間（一五三四―一五七〇年）ゴアに滞在し、ゴアで死んだ医学者、博物学者で、ゴアを中心に各地へ出かけ、自ら薬用植物を栽培し周到な調査研究を行なっている。東方インドの香料薬品を初めて世界に紹介したのであって、リンスホーテンも多分に彼によっている。ある薬物については、オルタの説明の概要でさえある。次の一人はオルタの後継者といえるモザンビーク生まれのクリストファル・アコスタの『東インド薬物論』(一五七八年、ブルゴス刊)である。本書もまた直接・間接にリンスホーテンに影響を及ぼしていることはもちろんであろう。

この二人の先人の名著が彼の叙述を助けているのはたしかであるが、彼自身の見聞にもとづくところが多分にある。彼はあくまでもポルトガル人が秘密としていた実態を明白にしようと努めているから、商品としてのスパイスという点からすれば、今日の私たちに告げてくれる多くの事実を語っている。その点では先人のオルタと立脚点を異にしていると言えよう。

以上のほかに、『東方案内記』では、当代の碩学エンクハイゼンのベーレント・テン・ブルーケ(一五五〇—一六三三年)(ラテン式の呼名ベルナルドゥス・パルダヌス)の注記を加えている。注記は動植物など七〇箇所であるが、当時のヨーロッパにおける最高の知識であった。ただ現在から見ると、時に見当違いも甚だしいものがある。そのことはまた、当時における知識のほどが知られることになるから、特にスパイスについて私たちに教えることが多いということになろう。

(これからリンスホーテンの記述にうつるが、『——』は彼の本文で、注記は山田の補足である)

胡椒について

『胡椒は種類が多く、黒いもの、白いもの、長いもの、またカナリーン(インド南部マラバル海岸の北、ゴアからマンガロールまでのカナラー海岸)と称するものなどいろいろである。このうち黒いのが最も普及しており、ヨーロッパやいたるところに多量に輸出する。白いのや長いのも輸出するが、少量にすぎない。カナリーン胡椒は品質がずっと劣るので、かつて輸出したことがない。優等品の黒胡椒は大部分、マラバールの地すなわちゴアの南方十二マイルあたりからカボ・デ・コモリーン（インド海岸の最南端）にかけての海岸、およびパラガーテの高地と海に挟まれた沿岸地方（クンカンとカナラー）に産して、内陸には産しない。

胡椒は、このマラバールから年々ポルトガルへ積み出されて、キリスト教国全域にさばかれる。また、ここから、マホメット教徒によって、紅海方面やバラガーテを越えて内陸地方（デカンとナルシンガ王国）へ、さらにペルジエ、アラビエをはじめ周辺諸国へと盛んに輸送される。ポルトガル人は胡椒の密輸を厳禁して、海上に沿岸に警戒おさおさ怠りないにもかかわらず、監視の目をぬすんで、しかもときどき、サルヴォ・コンドゥトすなわち旅行許可証を所持したポルトガル人自身によって、大量に搬出される。黒胡椒はマラッカやスマートラ、ジャヴァ、スンダなどの島々においても盛んに栽培されていることは、すでに「沿岸地方と島々に関する（ジャヴァ諸島、ティモール島、バンダ島、アンボィナ島など）」記述のところで説明したが、これらの地方では白胡椒も栽培される(1)。白胡椒は、表皮が白色で、皺《しわ》がなく滑らかである点を除けば、味も効能も黒胡椒と同様である。マラッカの胡椒には白、黒両者の雑種がしばしば見られる。マラッカの周辺地域に産する胡椒もときどきはポルトガルにも輸出されるが、ほんのわずかである。というのは、二年に一度くらいポルトガル船が寄港して、丁子（クローブ）、荳蔻花（メース）やシナの物産に加えて若干の胡椒を積み込む程度で、その大部分は、ペグー、シャム、とくにシナなど近傍の諸国において消費され、そこで日々取引されるからである。各地における胡椒の名をあげれば、マラバールではモランガ（molanga. マラヤラム語 mulagu. タミール語 milagu.）、マラッカ近傍ではラダ（lada）、アラビエではフィルフィル（filfil）、グザラーテ、カンバヤ、デカン、パラガーテではメリチエ（meriche. サンスクリット maricha）、ベンガーラではモロイ（moroy）という。ベンガーラとジャヴァにしか産しない長い胡椒はペピリニ（pepilini. サンスクリット pippali）と呼ぶ。』

① リンスホーテンは黒胡椒と白胡椒を別種のものと見ているようだが、事実はそうでない。普通にいうところの胡椒（pepper）は *Piper nigrum* の果実を乾燥させたもので、インド南部のマラバル海岸に原生する蔓性で他の樹木に巻きついている多年生の灌木である。古代からジャワに生育している胡椒とインド南部のと、どちらが原生として早いのだろうか。古代にインド南部からジャワ方面へ移植されたと考えるのが妥当のようである。

商品としては黒胡椒と白胡椒の二つがある。ともに同一の *P. nigrum* の果実で、成熟一歩前の青い実を取って乾燥し、黒色を呈しているのが黒胡椒である。それから成熟した果実の果皮と種子をとり巻く上皮を取り去って、表皮がなめらかで白色のものを白胡椒という。ピペリンというアルカロイドを含有し、強い刺戟性の味と匂いであるが、白は黒よりも刺戟がおだやかで、香味はまさっている。

だから白は黒よりも値段は高いが、古代から近世までその生産量は少なく、普通はほとんど黒胡椒であった。

P. nigrum の乾燥果実である黒と白胡椒に対して、ベンガル、ネパール、アッサム、カシーヒルなど、主としてインド北部に多い長胡椒がある。多年生灌木の *Piper longum* の漿果で、未熟なのを乾燥したものである。胡椒とは植物の生態も、果実の状態も異なっている。ジャワにも *P. officinalum* という長胡椒がある。商品上ではジャワ長胡椒という。長胡椒の性状、すなわち味と匂いと刺戟は、ほぼ胡椒と同じである。ところが長胡椒は漿果とともに根茎を使用し、古代から主として薬用にあてている。

『胡椒は別の木の根元に栽培される。ベテレ（betel きんま）や木蔦（クリフ）のようにアレッカ（areca びんろう）の木にからませるのが普通である。葉はオレンジのそれに似るが、それよりやや小さい。緑色で先端が鋭く、噛むと少しひりりとしてベテレのような味がする。胡椒の実は葡萄のように房になってつくが、葡萄の房より細くて小さく、アールベス（酸《す》ぐりの一種）よりもやや密である。乾いて熟し始めるまでは、ずっと緑色を保つ。十二月から一月にかけて摘み取る。長胡椒はベンガーラと、それから若干ジャヴァ島に産する。木の姿が他の種類（すなわち胡椒）と全く異なる。長胡椒の実は、長さが靴紐の先端の金具くらいだが、それよりやや太めで、全体が同じ太さ、表面は灰色がかって皺があり、中はやや白っぽく、小さな種子がある。味は黒、白胡椒と同様である。白胡椒は、前述のように、姿、味ともに黒胡椒と同じだが、一般には、黒胡椒より上等で効力も強いといわれており、産額も黒胡椒ほど多くない。カナリーン胡椒はゴア、マラバール近辺に産し、ソバの実によく似るが、灰色を帯び、中は空《うつ》ろで、若干の小さな種子をもつ。食べると他の胡椒のようにひりひりするが、カナリーン人などの貧民しか用いない劣等品である。だから、カナリーン胡椒などと呼ばれるので、言ってみれば百姓胡椒とか貧民胡椒というのと同じことで、こんな劣等品を買い取る者はないから、依然として輸出されることもなく見捨てられているのである。

カナリーン胡椒は別として、他の胡椒はインディエならびに東方諸地域《オリエント》のインディエ人によって盛んに使われ、その消費量は、年々各地に輸出される額をはるかに上回るぐらいだ。インディエ人がこれほど大量の胡椒を消費するのは、どんな料理にも必ず一握りの胡椒を、しかも潰さないでそのまま入れて食べるからである。マラバール海岸に胡椒が最も多く産し、ポルトガル船がその港々から積み出すことなどについては、すでにマラバール海岸に関する記述のところで述べたから、これくらいにして先へ進もう(①)。

なお胡椒は、まだ青いうちに塩と酢で壺に漬け込んで貯える。これを胡椒のアチャル(漬物)と呼び、ポルトガルへも輸出するが、たいていはインディエで使う。インディエでは、いろいろの香料や果実をこのように漬物にして、われわれが、ふうちょう木(カッペル)の蕾やオリーブ、レモンなどを漬けて食べるのと同様、多く食欲増進のために食べる。』

① リンスホーテンはマラバル海岸各地の胡椒について詳しく記述している。例えば北部のオノールでこういっている。

『ポルトガル人の砦があって、彼らが住んでいる。ここに、大量の胡椒があり、毎年一隻の船に、ポルトガルの目方にして七〜八千キンタール（一キンタールは約五九キログラムであるから四一三トンから四七二トン）の胡椒を積むことができる。この胡椒は全マラバールのみならず全インディエで最も充実した最良の品である。この地は、通称バティコラの女王に所属する。バティコラはオノールからほど遠からぬ内陸にある町で、そこに彼女は居を構える。オノールに駐在する胡椒専買商人（胡椒買付けの独占商人）らの仲買人に胡椒を提供し売るのは、この女王なのである。ただし、買手は常に船積みの六カ月前に内金を入れなくてはならぬ。さもなければ、誰も胡椒を入手することができないのだ。こうして内金を入れると、女王は段々に胡椒を提供して、ポルトガルから胡椒を積載する船々が来着するまでに、全部砦の中に集荷される。』

そして彼は帰国にさいし胡椒の仲買人となり『胡椒を輸送する船は、それ自体、ポルトガル国王の認可による請負制であって、そのために艤装し、送り出される船は年五隻に限られ、それ以外の船は一切その積荷を禁じられている。云々』と記しているが、バティコラの女王との例をあげ、胡椒専買商人と専買契約についてのべている。

『バティコラの女王が毎年七千ないし八千キンタールの胡椒を提供する契約を結び、専買商人が常にその代金の半額を船積みの六カ月前に支払うと、女王は胡椒を順々に提供することとなったからである。そのため、胡椒専買商人はオノールに仲買人を置き、仲買人は、船積みの時期までに、目方を計り、内金を入れて集荷する。専買商人は、マンガロール、バルセロール、カナノール、コチン、コウランなど、マラバール海岸の他のどの砦にも、同じ方法で胡椒を集荷する仲買人を置いている。

胡椒の専買契約（買付け独占契約）の仕方は、これを正しく理解すればこうである。専買商人は国王と五年間の胡椒専買の契約を結ぶと、毎年三万キンタール（一七〇トン）の胡椒を船積みするための資金を送る。一方、国王は、その胡椒を積載するための船を、毎年五隻、差し向ける義務がある。専買商人は、インディエにおける胡椒の買付け、船積みを自己負担でおこなわねばならず、また資金の送付、胡椒の輸送に際しては、常に海上の危険にさらされて一かばちかの冒険を試みる。胡椒が到着すると、専買商人は、一キンタール十二ドゥカードで、これをすべて国王に提供する。もし、輸送中に損失が出た場合は、それは商人の損害となって、国王には責任がなく、国王は、リスボンの「ハイス・ファン・インディエ」に納められた、乾燥した綺麗な胡椒に対してのみ、一キンタールにつき十二ドゥカードを支払うだけで、しかもその代金は、その胡椒が商人自身に売却されるまでは、彼らに渡されず、売却されて彼らがその代価を支払うと同時に商人に支払われる。つまり国王は、いかなる危険も冒険もなく、また一ペニングの前払いもせずに、胡椒の売上げ金を常に確実に入手するのである。一方、専買商人もまたそれ故に強大な特権を与えられており、彼ら以外はポルトガル人であれインディエのどこその人であれ、また、いかなる地位、いかなる身分の者であろうと、胡椒を取り扱うことは絶対に許されず、これに違反した者は体刑をもって厳しく処罰される。こうして専買商人はまた、どんな理由、事情があっても、その胡椒の資金に手をつけたり減らしたりしてはならず、また胡椒の船積みにあたっては、いささかの遅滞も許されず、厳重な監督の下に、すべて円滑に取り運ぶよう、できるだけの努力をしなければならない。そのためには、たとえ国事であれ、はたまた国王その人の一身にかかわることであれ、一切の事情はひとまずさておき、胡椒のそれを優先させねばならぬ。副王を初めとするインディエの役人、長官らも、胡椒そのものの安全と利益のために、専買商人から要請されれば、すみやかに手配して、それに必要なあらゆる援助を与えて、これに協力しなければならない。専買商人らにしても、一定量の胡椒の確保のためなればこそ、イギリス人、フランス人、スペイン人を除いては国籍のいかんを問わないで、その使用人、助力者たる仲買人を送り込むことが許されるのであって、これら仲買人を別として、外国人は一人として、国王もしくは国王のインディエ参議会の特別の許可なくして、インディエへ旅立つことはできないのである。

（以下、インドにおける胡椒の値段を記しているが、ここでは省略して結びの文だけを記すと）それだから、諸経費、海の危険もさることながら、無事に航海を果した場合、そこから上がる利益たるや莫大なものなのである。』

ポルトガルのスパイスから得られる利益の半分はマラバルの胡椒、あと半分はモルッカとバンダの丁香と肉荳蔻からであったと推定される。香料貿易は王室の独占であったが、一五八六年からフェリーペ二世は、イタリアの企業組合と新たに一つの独占契約を結び、今後六年間、毎年五隻の船に一七万ドゥカードを積み、年間三万キンタールの胡椒をリスボンに持ち帰って王に引渡すことを約させている。リンスホーテンが仲買人となった頃はフェリーペ二世の末期で、既にポルトガルのスパイス貿易は衰退期に入っていた。それでも一五七二年頃、王室の年間純益は五〇万ドゥカードに及んでいたと推定されている。

胡椒専買制に関するリンスホーテンの記述は精確で、オランダ人として知りたかったところであろう。

『〔パルダヌス博士の注〕 胡椒は調理場や薬種商において用いられる。が、両方とも食物ではなく薬用としてである。胡椒は胃を暖め、その冷たい粘液を消す。食物がこなれず、ガスが発生して胃が痛むときは、毎朝、胡椒を五粒飲めば卓効がある。目がかすむ人は、胡椒をアニス(anise)、茴香(ういきょう fennel)、丁子といっしょに食べれば、くもりが取れる。薬種商では、三種の胡椒を用いて調剤する。その処方をいえば、白、黒、長胡椒を各二十五ドラクマ(一ドラクマは八分の一薬用オンス)ずつ、野生のタイム(thyme)、生薑(ginger)、アニスを各一ロート(一ロートは一五・四四グラム)ずつ、これに適量の蜂蜜を加える。これは胃腸の冷え、しゃっくり、肝臓の病い、水腫などに効能がある(1)。』

① この注記では特殊な薬効だけで、胡椒本来の調味料としてのことがほとんど言及されていない。当時全ヨーロッパに輸入された胡椒は三〇〇〇トン近くであったと推定され、その七〇パーセント以上は、フランドル、イギリス、ドイツその他北欧諸地方の人びとの塩漬けの牛羊肉、鳥類、塩乾魚類などの防腐、味付けになくてはならないもので、特異な香味を与えるものであった。薬用として相当需要されたが、消費の中心はスパイスとしてであろう。

肉桂について

『肉桂（カネール）は、ラテン語ではシナモムンといい、アラビア人はキルファー、ペルジエ人はダール・チーニー（シナの木）と呼ぶ。また肉桂の最も多く生ずるセイロンではクルドー（シンハリ語クルンドゥ、木）、マラッカではカユ・マニス（甘い木）、マラバルではカメア（マラヤラム語とタミール語のカルヴァー）という。

樹高は大体オリーブの木くらいだが、それよりやや低いのもある。葉は月桂樹の葉のように革質で、形はシトロンのそれに似るが、やや狭い。白い花をつける。果実はポルトガル産の黒色のオリーブ大で、それから油をとって色々のことに使う。樹皮は二層からなり、第二の皮（すなわち内皮）が肉桂である。これを方形に切って乾かす。初めは灰色だが、日干しにすると丸まって、ネーデルランドに入っている品のような色を帯びる。木は皮を剝ぎ取ってそのままにしておくと、三年目にはまた新しい皮が取れる。栽植しなくとも、自生して鬱蒼たる叢林をなすから肉桂樹は豊富である。根から出る水はカンフォラ（竜脳と樟脳）のような芳香を有するが、根を抜き取ることは木の成育を妨げるので禁じられている。肉桂は乾燥が不十分だと灰色が残り、過ぎれば黒ずむ。赤ばんだのが適度である。インディエではまだ半ば青い肉桂から優秀な香水を蒸溜して盛んに愛用し、またポルトガルその他の地方へも輸出する。飲んでもうまいが、ひどく辛い。冷えからくる腹痛その他もろもろの病気に効き、また口臭を消す。花からも香水を蒸溜するが、どちらかといえば肉桂からとったものの方が良質であり、また好まれる。

肉桂樹の生育するところといえば、まずセイロン島で、いたるところにこんもりとした樹林が見られる。マラバール海岸にも比較的多く、ここかしこに肉桂林が見られるが、その大半はあまり上等でなく、木も小さく、樹皮もずっと厚くて粗く、したがって薬用としての効力も弱い。これに比べて、セイロン産は緻密で品質が優れ、価格も三倍くらい高い。マラバール産はカネーラ・デ・マットすなわち野生肉桂と呼ばれ、ポルトガルへの輸出を禁じている。が、それは表向きのことで、実際は大量に船積みされているのだ。全部セイロン肉桂と銘うって税関を通し、優良品と同額の税を取り立てて、まるまる国王のふところに入れる仕組みなのである。インディエの相場では、一キンタールにつきセイロン肉桂が五十ないし六十パルダーウするのに対して、野生肉桂はわずか十ないし十二パルダーウである(1)。ところが、セイロン肉桂としてインディエで登録されると、リスボンにおいて、優良品劣等品の別なく一律に、一キンタールにつき一万五、六千レイスの関税を国王に対して支払わなければならない。他の香料もすべてそれ相当の関税が定められている。なお、インディエで船積みする場合は、どんなものでも、さよう、奴隷にいたるまで、必ずコチンにおいて登録しなければならない。で、もしポルトガルにおいて登録外のものが発見されたときは、没収されて国王に帰属する。ジャヴァおよびマラッカ近傍の島々にも、僅かながら肉桂を産するが、セイロン産に比べて品質が劣る。インディエには、薪にする木のなかに燃すと、肉桂に似た芳香を発するものがある(②)。』

① リンスホーテンはマラバル海岸南部のコチンで記している。曰く

『このあたりは森、樹木に満ちて緑したたるばかり、眺めの楽しい土地だ。肉桂の叢林があり、これをカネーラ・デ・マットすなわち野生肉桂と呼ぶが、セイロン産の肉桂ほど上等でない。というのは、セイロン肉桂は一キンタールが百パルダーウすなわち百レイクス・ダールデルとして通用するのに、この肉桂はたった二十五ないし三十パルダーウにしかならないからで、それでポルトガルへの輸出も禁止されている。ところが、国王の関税を最高級品なみに取り立てるために、これをセイロン肉桂と銘うって登録させ、毎年大量に船積みされているのである。』

ここでは本文のインドの相場より高く記されているが、劣等な野生肉桂が大量にポルトガルへセイロン肉桂として輸出されていた。それだけ、ポルトガル国王の収入は不当に近いほどであった。と同時にヨーロッパ諸国民は、随分高い肉桂を買わされていたのである。

次に彼はセイロンでいっている。

『セイロン島には全東方《オリエント》で最上の肉桂が鬱蒼たる原生林をなしており、世界じゅうに輸出し、さばかれる。この肉桂を、砦（コロンボ）に住むポルトガル人らは、こっそり夜ふけに出かけていって切り取って砦に運んでくる。これが、砦の長官《カピテーン》の主たる利得なのであって、そんなことでもしなければあまりうまい儲けはないのである。』

ポルトガル人がセイロン島の西部と南部海岸を占領し城塞を築いたのは肉桂のためであった。そしてこの獲得は、ここに記されているとおりである。後では住民を使役して伐採したが、もちろん無代である。いや苦役に従わないものは殺戮したのであった。オランダ人はポルトガル人と血みどろの闘争を重ね、一六五八年にこの島に覇権を樹立しているが、肉桂の採取はポルトガル人と変りはなかった。大体、十七世紀末頃には、年平均五〇万ポンドをヨーロッパに、二〇万ポンドをインドその他に輸出していたという。オランダ人を追って、一七九六年以来この島を統治したイギリス人も、セイロン肉桂について同じことを繰りかえした。それでもこの島の南半部の全海岸はなお野生の肉桂で満ちていたのである。十六、七、八世紀にかけて有名であったセイロンの肉桂（シンナモン）は、実に原住民の血で染められたものであった。

② 本文の記述は大部分、ガルシア・ダ・オルタによっている。

『〔パルダヌス博士の注〕 肉桂はすべての内臓器官を暖め、開き、強くする。いくらか収斂性があって、胃を強めて消化を助け、また心臓に有害なもろもろの毒素を除く。肉桂を薄荷および蓬(よもぎ)の水とともに服用すれば、後産をおろし、塞いだ子宮を開いて、婦人に春をもたらす。また口臭を消し、便通を良くして、身体を浄化し、水腫、腎臓障害などにも効能がある。肉桂の香水と香油は、内臓諸器官、頭、心臓、胃、肝臓などをいちじるしく強める。』

丁子について

『丁子(普通は丁香と書く)のことを、トルコ人、ペルジエ人、アラビア人、それに大方のインディエ人はカラフル(アラビア語カランフル)といい、モルッカ諸島ではチャンケ(chamke)と呼ぶ。モルッカ諸島は、すでにこの諸島に関する記述のところで述べたように、赤道の下に横たわる五つの島(テルナーテ、ティドール、モティール、マキアン、バティアン)から成り、もっぱら丁子のみを産出して世界じゅうに送り出す。樹容は月桂樹に似る。花は初め白色だが、やがて緑色に変わり、最後に紅色、心臓形を呈して、これがいわゆる丁子となるのである。花は緑色のときに、えもいえぬ芳香を放つ。丁子はおびただしく密集してつく。これを摘み取って乾燥する。乾燥すると暗い黄色を帯びるが、さらに燻《いぶ》して黒くするのが普通である。翌年採集するために木に残してある丁子は次第に太ってくる。丁子の母(ムーデル・ファン・デ・ナーヘルン。果実)といわれるのがこれである。この樹木は、まわりの水分をすっかり吸収してしまうから、あたりの草木はことごとく枯死して青いものは何ひとつ残らない。ポルトガル人が丁子のバストン（bastam 花梗）と、われわれがロンプ（幹あるいは胴の意）と称するところのものは、丁子がその先につく柄のことで、採集するときはこれらもいっしょに掻《か》き集めておいて、モルッカでは丁子を選別しない。それで、インディエへ運んでから選り分けることも時にはあるが、たいていの場合は、そこで丁子の母もロンプも屑もいっしょくたにして売りさばいて、ポルトガルへ送ってから選別される。

丁子は激しい熱性を有する。たとえば、インディエで丁子を選別するとき、その部屋の中に、手桶に水をたたえたり容器に酒などを入れておくと、かなり離しておいても、数日のうちに水も酒もすっかり吸い取って容れものをからにしてしまうのを、私はたびたび見たことがある。こういう性質は、シナ産の生糸も同様で、これを屋内のどこかに、たとえば床上一、二フィートのところに吊るし、床に水を撒いておく。翌朝になって見ると、生糸は床から離してあるのに、水をすっかり吸い上げている、というのである。インディエ人は生糸のこの性質を利用して、しばしば水気を含ませ、目方をふやして売りつけるが、ちょっと見分けがつかないそうだ。

話を戻すと、丁子の木は、海から軽砲を発射してちょうど弾丸の届くあたりに自生し、栽植するのではなく、また手入れもしない。海に近すぎるところにも、また遠すぎるところにも、この木は生えない。なぜなら、この諸島は全部海で囲まれているからである(①)。豊年のときは、葉の数よりも丁子の方が多いくらいだ。採集するときは、下の地面をきれいにしておく。手で摘むのではなく、枝に縄を巻きつけて強く引っ張って取る。そのため木がさんざんに傷んで、翌年はほとんど実がならないから、もう一年待つ。栗の木と同じように、まわりに落下した実から生える。この諸島の位置がちょうど赤道の直下に当たるため、豊かな雨量に恵まれて木はすくすくと生長し、八年以内で結実すると、それから百年あまりなりつづける。採集、乾燥の時期は九月ないし一月である。丁子をまだ青いうちに取って砂糖漬や塩と酢でアチャル（漬物）にして壺に貯え、マラッカやインディエへ運ぶ。また青い丁子から香水を蒸溜する。これはいろいろの医薬に用いられるが、とくに強心剤として効く。インディエの婦人たちには、息を芳《かぐ》わしくするために丁子を噛む習慣があるが、インディエ在住のポルトガルの婦人たちもこれを真似るようになった。丁子の葉は月桂樹のそれによく似る。』

① リンスホーテンは、モルッカまで出かけていないが、彼の記述は実に正確である。丁香樹は海岸に接するところにも、また海岸から遠い山中にも、よく生育しない。潮風のとどく範囲内にだけ生育している。このことを軽砲を発射して弾丸のとどくあたりに自生すると彼はいう。十六世紀初めのデュアルテ・バルボーサとトメ・ピレスの記述は、丁子の代表的な報告である。しかし両人ともモルッカの現地まで出かけていない。リンスホーテンを加え、三人三様の報告であるが、リンスホーテンの方が実際的な面ではよく正鵠《せいこく》を捕えている。彼はモルッカ諸島ではこう記している。

『この諸島は丁子のほかには何も産しない。しかし丁子は実に豊富で、周知のごとく、世界じゅうがそれで潤うほどである。なおまた、諸島には幾つかの火山があり、非常に乾燥した焦土で、食糧は肉と魚のほかに何もない。それで、米、玉蜀黍、玉葱、にんにくなどの食糧その他必需物資はすべて、一部はポルトガル人により、周辺の地方からもたらされる。島民はそれらをすべて丁子と交換して入手する。』

『〔パルダヌス博士の注〕　丁子は、樹容は月桂樹に似るが、葉はそれよりやや狭く、むしろ巴旦杏もしくは柳に近い。枝を多生して、おびただしい花をつけ、それが果実に変わる。天人花の液果のように枝の先端に生ずる。丁子の果実を一般にナーヘルケン（爪の意）と呼ぶのは、その形が爪に似ているからである。（あるいは釘の形ともいう——山田）

料理、医薬に盛んに用いられる。ジャヴァ人は、アヴィケンナもおかしなことといっているように、一年以上木についていて、雄でない太った丁子を好むが、われわれはむしろほっそりしたのを求める。（丁子は花蕾を乾燥したのが雄で、花あるいは果実を乾燥したのを雌〔母丁香〕といっている。これは東西に共通した俗称である。品質上では雄の方が雌よりまさる——山田）モルッカでは青い実を、塩とか酢、ときには砂糖で漬けて食べるが、実に美味である。青い丁子から、非常に香りのよい、また心臓を強める香水を蒸溜する。丁子、肉荳蔻、荳蔻花、長胡椒、黒胡椒を調合して食べれば、瘡疾患者の発汗を促進する。風邪による頭痛の場合に、丁子の粉末を額に塗る者もある。丁子は肝臓、胃、心臓を強め、食物の消化を助け、また利尿剤、下痢止めともなる。その香水を目にさせば、曇りを取って視力を強める。粉末四ドラクマ（一ドラクマは八分の一薬用オンス）を牛乳とともに服用すれば性欲を盛んにする(①)。』

① スパイスとして薬物としての用途については、妥当な記述である。特に肝臓などの妙薬である。古来、催淫的な媚薬としては、東西両洋とも共通している。

マッサ、フーリーすなわち荳蔻花と肉荳蔻について

『肉荳蔻《にくずく》の木は梨あるいは桃に似るが、ただもう少しほっそりとしている。円い葉を持つ。おもに、モルッカ諸島からほど遠くないバンダ島に生育するが、ジャヴァやスンダにも見られる。肉荳蔻はこれらの島々から、シナ、マラッカ、さらにインディエその他の方面へ送られる。果実はふっくらとした大きな桃にそっくりで、その一番奥にあるものすなわち仁が、いわゆる肉荳蔻である。肉荳蔻は木質の堅い種子でおおわれ、さらにその種皮の上に、普通マッサ（メース）と呼ばれる荳蔻花をまとう。熟した果実は、芳香あるすこぶる高価な食べものである。丸ごと砂糖漬にして、多くインディエへ送り出すが、インディエでは最上等の砂糖漬として大いに珍重される。またしばしばポルトガルをはじめ各方面へも輸出される。砂糖漬のほかに酢と塩で漬けるが、これも多くはインディエで消費される。

果実が熟してふくらみだすと、その外皮が二つに裂けて、中から緋のように真赤《まっか》な荳蔻花が姿をあらわす。びっしり果実がついているときは、それはとても美しい眺めだ。フーリーすなわち

メース（荳蔲花）も同時に裂けることがある。メースのついてない種子がときどき見られるのはそのためである。種子を乾燥すると、メースはひとりでに種子から離れて、真赤な色から、各地に送り出されるメースに見られるようなオレンジ色に変わる。肉荳蔲の生育する島々、とりわけバンダは、モルッカ諸島と同じく、健康には甚だ悪い土地柄である。ここへ商取引きに来て、ついに病魔にとりつかれて死ぬ者が実に多い。にもかかわらず、商人らが次々と来島するのは、ただただその莫大な利得にひかれてのことである。バンダの島民は、肉荳蔲をパーラ（palla）と、メースすなわち荳蔲花をブナ・パーラ（buna palla）と呼ぶ。デカン人やインディエ人は肉荳蔲をジャパトリ（japatry）、メースをジャイフォール（jayfol、サンスクリット jatiphala）という①。』

①　一部分はガルシア・ダ・オルタによっているが、ナツメッグとメースの区別、そして記述はよく事実を伝えている。

『〔パルダヌス博士の注〕　肉荳蔲の木は梨に似るが、葉はもっと短くて円みを持つ。肉荳蔲（ナツメッグ）およびメースは、頭、子宮、神経などの病気に効く。

果実は三種の皮でおおわれる。一番外側の皮は、胡桃の青い皮に似て、熟すとぽっかり裂ける。すると、その裂目から、種子を包む網のような薄い皮（仮種皮）が見られる。われわれがメースとか荳蔲花と呼んでいるのがそれで、調味料として、また薬用として非常に効目がある。第三の皮は前のものより堅く、木質で、胡桃の殻に似るが、ただ色が黒ずんでいる。これを割ると、いわゆる肉荳蔲があらわれる。

果実が熟して外皮が裂けると、真赤な色をしたメースが鮮やかに姿をあらわす。後に果実を乾燥するとき、メースも裂けて黄金色に変わる。

肉荳蔲の種類には、一般に雄と呼ばれる長いのと、円いのと二通りあるが、円い方が良質で効力が強い。

肉荳蔲は頭脳を強めて記憶力を鋭くし、胃腸を暖め丈夫にして、ガスを排出し、呼気を芳わしくし、利尿をうながし、下痢と吐き気を止める。すなわち肉荳蔲は、頭脳、胃腸、肝臓、子宮などの冷えに起因するもろもろの疾患に効能がある。

その油もまた諸病に卓効がある。

メースは胃腸の冷えと衰弱にとくに良く、あらゆる悪性の体液を浄化し、ガスを追放して食物の消化を早める。』

＊　＊

以上リンスホーテンの記事は実用的な面から、四つのスパイスを説いているのがよくわかる。それは同時に当時のヨーロッパ人が切実に知りたがっていたことであった。

リンスホーテンの記述は、すべて「大航海時代叢書」のリンスホーテン『東方案内記』によっている。

〈附録Ⅰ〉 香辛料貿易《スパイス・トレード》のアウトライン

味覚と嗅覚を快く刺戟する、いわゆる香辛料（spice）を中心とする東西の貿易は、古代から十七世紀まで、その主産地である南アジア、東南アジアと、西はヨーロッパ、東は中国とを結んで展開された海上貿易の主体であった。ヨーロッパでは spice trade という。

香辛料は、魚肉、獣肉を食用に供する際に重要なものであると同時に、薬用としても使用され、その需要は文化の進歩と生活の向上に伴って、人間の食生活に不可欠のものであった。香辛料のうちで、貿易商品として貿易の中心を占めたのは、インド、スマトラ、ジャワの胡椒（pepper）、インド、セイロン、中国南部の肉桂（cinnamon, cassia）、モルッカ諸島の丁香（clove）とバンダの肉荳蔲（nutmeg, mace）であった。胡椒は果実、肉桂は樹皮、丁香は花蕾と果実、肉荳蔲は仮種皮と仁が、それぞれスパイスとして利用されるものである。

ローマ人と胡椒

スパイスのうちで最も古くヨーロッパ人に親しまれたのは、胡椒である。前四世紀後半には、すでにインドの胡椒が陸路により、ペルシアを経てギリシアに伝わっていたと思われる。しかしその普及

は、前一世紀後半以降のローマ時代においてであった。一世紀のローマの博物学者プリニウスは、

胡椒の使用が絶大な人気を博しているのは、驚嘆に値いする。胡椒のただ一つの特異性といえば、一種の刺戟と辛辣な香味だけである。それにもかかわらず、ローマ人は胡椒を求めてはるばるインドまで出かけて行く。胡椒はインドならどこでも生育している。しかし、わが国では金銀と同じ価値である。

と、インドの胡椒に対する過大な需要を嘆いている。彼はまた、当時のローマの東方貿易について、

最も少く見積ってもインドとシナとアラビアは、毎年一億セステルティウスをわが帝国から奪い取る。そしていかなる年にも、インドはその半額を吸収しており、われわれのもとでは原価の一〇〇倍に売られる品物を輸出している。

と、インドの胡椒貿易の利潤の大きさに言及している。

当時のローマの東方貿易において、最も大きな役割を果したのは内陸アジアを経由するもので、この貿易路は普通シルク・ロードと呼ばれる。その名の示すとおり、中国の特産品である絹を、インド、イラン、メソポタミア、ローマなどに運ぶ通路であった。しかし絹を運ぶ道という意味に解して、北

アジアのステップ地帯を経由するものや、南アジアの沿岸航路を利用するものもこれに含める説もあるが、スパイス・トレードという場合には主として海路による貿易を指すことになっている。そのルートは、前一世紀の半ばごろまでは、紅海およびペルシア湾とインダス河口方面とを陸地伝いに結ぶ航路で、前六三年頃生まれたギリシアの地理学者ストラボンによると、この貿易に従事したのは年に小型船二〇隻内外にすぎなかったというが、この記述は彼の時代以前に関するものであって、これが紀元前後になると年に大型船一二〇隻になった。エジプトがローマに併合され（前三〇年）、インド西南部の胡椒の主産地であるマラバル海岸に向って季節風を利用してインド洋を横断する航路が開拓されると、この航路の利用が急速に進んだことを示している。そして、胡椒の大流行についてのプリニウスの嘆声を考え併せると、紀元前後を境として飛躍的に増加したアラビア海（すなわちインド洋）航路は、胡椒の主産地であるマラバル海岸を指向していたものと考えられる。

さらに、一世紀の半ばに書かれた『エリュトゥラー海案内記』によれば、

マラバル海岸のムージリス港では、胡椒が最も多量に輸出されるので、大型の船が紅海から直接に航海し、きわめて多量のローマの貨幣が輸入されている。

と記されており、これらの事実を裏書している。またインドでは、エジプトのプトレマイオス朝（前三二三―前三〇年）やメソポタミアのセレウコス朝（前三〇四―前九五年）の貨幣はほとんど出土せず、共

和制時代のローマの貨幣の出土もきわめてまれであるのに、帝政時代の初代皇帝アウグストゥス（在位前二七—一四年）以後の貨幣が、インド南部の胡椒の主産地でおびただしく発見されている。特にティベリウス（在位一四—三七年）時代を最高として、クラウディウス（在位四一—五四年）、ネロ（在位五四—六八年）の時代の貨幣の出土がきわだって多く、この事実からも胡椒貿易の隆盛をうかがうことができる。

このように、インドの胡椒が急激にローマ人の需要を喚起した理由は、まず、薬用（鎮痛、解熱など）のほか、その辛辣性が消化を助け、食欲を増進するということにあった。さらにそれは強精剤であると信じられ、エジプト合併によって、一段と近くなった東方の物産に対する異常なブームが起り、ローマの対インド貿易の二分の一から三分の一は、胡椒によって占められていたといわれる。

スパイス・トレードの拡大——イスラムと中国

七世紀になってイスラムが隆昌すると、西南アジアがスパイス、特に胡椒の大消費圏として登場する。イスラム教徒たちは、インドのマラバル海岸を胡椒海岸あるいは胡椒の国と呼んだ。マラバルとペルシア湾入口の大貿易港オルムスとの間の交易に活躍したイスラム商人の最大の商品はスパイス、特に胡椒であった。胡椒に次いでは、マラバルの肉桂がアラビア語、ペルシア語でダール・チーニー（シナの木）と呼ばれ、重要な商品となった。しかし有名なセイロン肉桂の出現は、マラバルの肉桂が取りつくされ、すくなくなってきた十四世紀以降のことである。

イスラム商人は、さらにスマトラ島に進出して、モルッカ諸島とバンダ島から転送されてくる丁香と肉荳蔻を手に入れた。東南アジアのモルッカ諸島は、十四世紀から十六世紀にかけてヨーロッパで需要が急激にふえた丁香と肉荳蔻のただ一つの原産地であった。この二つの香料の名がスパイスと同義に使われたため、モルッカ諸島はヨーロッパ人によってスパイス・アイランドと呼ばれるようになった。肉荳蔻はインド南部、セイロンとマレイ半島に産する小荳蔻（カーダモン）に代るスパイスとして中国やヨーロッパへ、まずイスラム商人によって供給されたのである。

十六世紀の初めマラッカに滞在し、それから初めて中国（明）に派遣された使節トメ・ピレスは、オルムスからペルシアとアラビアに大量に輸入される胡椒、丁香、肉桂についてのべ、「ペルシア人はドイツ人よりもポタージュが大好物で、胡椒がなくてはすまされない」と報告している。

胡椒の消費圏としては、南アジア、ヨーロッパおよびイスラム諸国とともに中国があげられる。胡椒は漢代から知られていたが、特に宋代になって都市生活の発達に伴う食生活の向上によりその消費が盛んとなり、元や明の時代にかけて大量に輸入された。十三世紀末のマルコ・ポーロは、当時の大都市であった杭州の胡椒消費量について、「毎日の消費高は四三荷である。一荷は二二三ポンドだから驚くべき量である」といっている。この数字はそのままでは信じがたい厖大な量であるが、十三世紀初めの宋の趙汝适《ちょうじょかつ》も、ジャワ胡椒の大量の輸入について記しており、十四世紀前半の元の汪大淵は、マラバルのカリカットとキーロンを世界最大の胡椒産地と記している。また明の馬歓は、これらの産地のほかにスマトラ島の西北部をあげ、ここからインドと中国に輸出された事実をのべている。宋代以後、中国の大量の胡椒輸入は、ジャワで輸出用胡椒の栽培の拡大を促し、次いでそれはスマトラ西北部にまで及んだのである。

スパイスをめぐる世界貿易——ポルトガルとスペイン

ヨーロッパにおけるスパイスの嗜好の増大については、十一世紀末から十三世紀末にかけての十字軍の活動を見逃すことはできない。前後八回にわたるこの遠征は、結局イスラム教徒から聖地エルサレムを奪回することには失敗したが、ヨーロッパ諸国はこれによって大型船の建造、航海術、戦術などについて東方の影響を受けただけではなく、新しい織物、新しい染料を知り、さらに米、胡椒、砂糖、丁香、肉荳蔲などの新商品に接した。これらのアジアの諸物産の交易には、コンスタンチノープル（イスタンブール）を中継地として、イタリア商人、特にジェノバ、ベネチアの商人が活躍した。

このような衣食住の大きな変化に応じて、ヨーロッパ人の食生活には大きな変化が起りつつあった。北海漁業の進歩と畜産の発展は、塩乾魚や塩漬けの肉類を中心とする食生活をもたらした。それらの保存、味つけ、悪臭を消すためにスパイスの需要が高まったが、インドの胡椒だけでは満足できなくなり、モルッカとバンダの丁香と肉荳蔲を不可欠とするようになってきた。丁香は臭気をやわらげ、甘味、辛味双方の料理に適し、また肉荳蔲とともに消化剤として効能があると信じられていた。十四、五世紀には、スパイスは中国の絹、陶磁器、銅、インドの綿布、米、ヨーロッパの毛織物、銀、東アフリカの金、象牙、奴隷などと、直接間接に交易の対象となり、東アジア、東南アジア、インド、オリエント、アフリカおよびヨーロッパを結ぶ通商関係の成立に貢献した。

マレイ半島南海岸のマラッカは中国に胡椒を輸出するとともに、モルッカのスパイスを媒介としてインドのカンバヤと結ばれていた。カンバヤの商人は、インドの綿布をマラッカに送ってモルッカ諸島のスパイスとジャワや中国の物資を手に入れる一方、インドの胡椒とモルッカのスパイスを遠くベネチアへ送り、ヨーロッパの銀を獲得していた。こうしてマラッカとカンバヤは、南アジアにおけるイスラム商業圏の二大中心地であった。

一五一一年にポルトガルはマラッカを占領し、ついでモルッカ諸島へ進出したが、

本国―西アフリカ―東アフリカ―インド、セイロン―マラッカ―モルッカ

と点（城塞）と線（海上）を結んで急速に伸びた海上支配は、次第に維持困難となった。一方では原住民に対するキリスト教の布教活動が原住民の反抗を招き、かえって対抗勢力であるイスラム勢力をインドネシアに拡大する結果となり、モルッカ諸島のスパイス・トレードから後退を余儀なくされた。

十六世紀中葉になると、スペインによるアメリカ大陸植民地化の進展に伴い、新大陸の安価な銀の洪水が、北部ヨーロッパで生産される毛織物の代金としてヨーロッパに流れこんできた。その結果、新大陸の銀が南アジアのスパイスに対して支払われることになり、スペインとポルトガルは単に中継の利益を得るにすぎなくなって後退し、毛織物の生産国であるオランダとイギリスが新しくアジアのスパイス・トレードに登場することとなった。

イギリス、オランダの進出とオランダ東インド会社のスパイス支配

十七世紀のイギリス、オランダ両国のスパイス貿易は、両国の東インド会社によって行なわれた。当時ポルトガルが依然として支配していたインドを避けて、まずオランダが、ややおくれてイギリスがジャワに到達して胡椒を手に入れ、次いでモルッカ諸島のスパイスの支配をめぐってしのぎを削った。オランダはまずスペイン、ポルトガルの利害が複雑にからみ合っていたモルッカ諸島北部を避け、一六〇五年にその南にあるアンボイナをオランダ東インド会社最初の植民地とし、強力な艦隊をときどき派遣することによって、次第に両国の勢力を駆逐した。イギリスもスパイス・アイランドすなわちモルッカ諸島の分け前にあずかろうとして画策したが、オランダ東インド総督クーンが二一年に肉荳蔻の原産地バンダ諸島を武力で制圧し、ほとんど全住民を入れ替えて植民を行なったことや、二三年にいわゆるアンボイナの虐殺を行なって同地のイギリス商館を退去させたことなどにより、オランダのスパイス貿易独占は達成され、イギリスはついにインドネシアをあきらめてインド経営に主力を注ぐことになった。

しかし、これとともに商品としてのスパイスの重要性そのものも次第に失われ、十七世紀前半の二つの東インド会社の輸入品の七〇パーセントは胡椒、丁香、肉荳蔻で占められていたのが、十七世紀末には、スパイス二〇パーセントに対し、綿布五五パーセントとなり、南アジアからの輸入の主力は、綿布、茶、染料などへと変っていった。しかもなお、スパイス貿易の独占は会社にとって大きな財源の一つであり、オランダ東インド会社は第三者による密貿易を厳重に取締っただけでなく、供給過剰

によってヨーロッパの市場価格が下落するのを恐れて、丁香の原木を伐採するなどの暴挙を行なった。原住民はこれをホンギ遠征と呼んで恐れ、そのために彼らの生活は貧困化し、一六八〇年代までしばしば会社に抵抗を試みたが、それ以後は抵抗が消滅した。

こうしてスパイス専門で始まった二つの東インド会社は、一六五〇年を境として、植民地会社へとその性格を変えてゆくのであるが、と同時にそれはスパイス・トレードの終止符でもあった。

〈附録Ⅱ〉 香料の道（スパイス・ルート）

はじめに

東西両洋を結ぶ陸の大道は「シルク・ロード」と称され、広く一般になじまれている。これと対応して今一つ、インド洋を中心に東西を結ぶ南方の海上交通路がある。これは熱帯アジアの諸国に産した香料（スパイス）が、十七世紀前半以前の時代には主要な物資であったから「スパイス・ルート」ということができる。例えば十六、七世紀のヨーロッパ（ポルトガル・スペイン・イギリス・オランダ）人の東洋進出は、インドとスマトラ、ジャワの胡椒、セイロンの肉桂、モルッカとバンダの丁香と肉荳蔻の獲得支配であった。殊にインドネシアの最も奥地で、十三世紀までテラ・インコグニタであった蕞爾《さいじ》としたモルッカ諸島は、丁香の唯一の原産地であるため、欧人東漸の最大そして最終の目的地であった。この諸島のスパイスと日本《ジパング》の黄金をねらって、十五世紀の末にコロンブスは誤って新大陸アメリカの一部を発見した。マゼランは大西洋から西まわりでモルッカ諸島に到達しようと念じ、彼の船隊は一五一九年から二二年にかけて、初めて世界一周を成しとげたのである。こうして欧人による大航海時代が展開されたのであるが、それは南アジアのスパイスの獲得から出発したのであった。

と言えば簡単なようであるが、実はそうではない。紀元前の古代オリエントとエジプトが、アラビア南部と東アフリカの奥地と深い繋がりがあったのは、乳香と没薬、それから実体不明の肉桂（シンナモンとカッシア）のためである。紀元前後にローマ人とギリシア人が、インド洋のモンスーンを利用してインドに渡海したのは、胡椒を中心とするインドと中国とマレイの珍品獲得のためであった。また四、五世紀代に東方の中国人が南海に注目したのは、ベトナムとマレイ半島の沈香木である。そして中世のアラビア人によって、アラビア、インド、東南アジアの各種の香料が東西両洋に転送されているが、十三、四世紀代の中国船の南方海上発展と、香料薬品の盛大な輸入、それから国内の消費が最高潮に達した時代のあったことを忘れてはならない。と同時に、東南アジア、インド、西南アジアなど、香料原産地各国の使用と消費も盛大になっていたことを考慮しなければならない。こうして古代、中世、近世初期を通じ、東西両洋の先進文化民族が熱帯アジアの香料を求めるため、原産地と中継地に渡来した歴史上の経過と変遷は、スパイス・ルートの歴史として叙述されるだろう。

しかしその前提として、明らかにしておかねばならないことがある。香料は品種が多種多様で、原産地も西はアラビア南部と東アフリカから、小アジア、インドそして東南アジアにかけて広がり、近世以前の原産地はある特定の地域に限定され、東西海上交通の主要なメイン・ルートからはずれた辺鄙な地方に出したものが多かった。原産地の住民は、彼らの土地に出す香料（薬品）の価値をあまり認めていないなど、種々のことがらがあって、原産地から東西海上交通の路線にある主要な中継集散地まで、種々の民族と地方を経由して転送され、そこに渡来する東西の文化民族の手に入るしだいであった。だから原産地の状態と、そこから主要な集散地へ転送される経路も、できるだけ明らかにされなければならない。しかしこの経路は、東西先進民族の渡来とともに重要な問題点であっても、なかなかわかりにくく、簡単に解明することはむつかしい。主要な香料について、それぞれ異なった地方で、未開の原住民との結びつきを、彼らの生活と民俗などから考究を進めてゆかねばならないからである。

それで私は、未開の原産地から集散地へ、集散地から先進文化国への繋がりの根本をなすものは、まず各種の香料自体の博物的にして商品的な解明から始めなければならないと考えたい。ある一つの香料でも、東西両洋の文化民族では異なった用途にあてられていることがある。また同一の文化民族でも、時代によってその用途を異にするところもある。香料は多種多様だといっても、東西両洋で使用した香料の種類には軽重の差があり、用途から見れば主要香料の品種は限定して考えることができる。こうしてスパイス・ルートに乗せられていた香料の流れを概観することができよう。だから博物的で商品的な解明をまってこそ、初めて原産地から集散地へ、そして先進文化国への転送の歴史が明白になるだろう。私は今、近世初期以前のスパイス・ルートの主要香料とはどんなものであったのか。東西の文化民族はそれをどのように使用・消費していたかなど、主要な香料の博物的と商品的な面に焦点をあてて、その歴史を大観してゆこう。

熱帯アジアの主要香料と用途

現代以前の香料はすべて薬品である。薬物と表裏していることは、東西ともに軌を同じうしている。

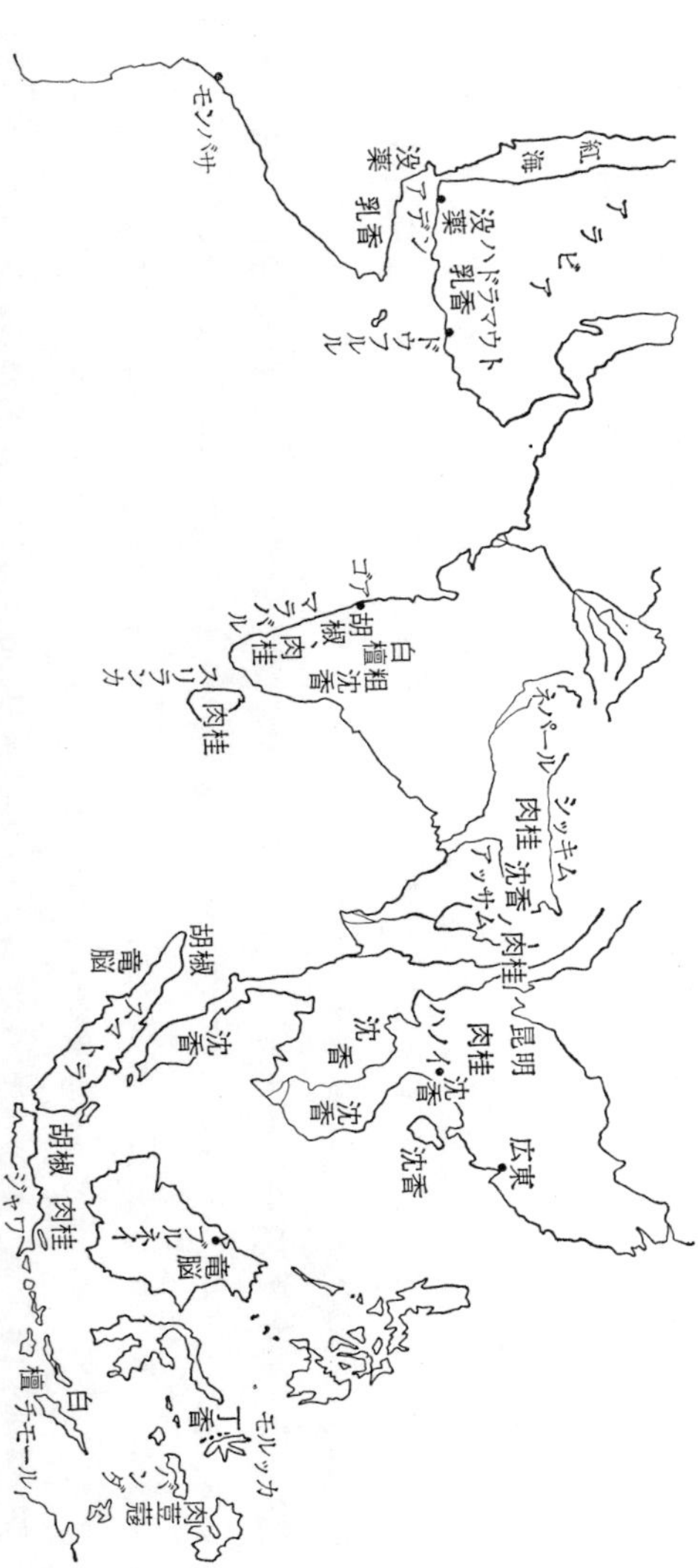

そして薬効より香味の方がまさり、香味を主眼として使用されているのが香料であるが、初めの使用はほとんど薬物としてである。例えばスマトラ島の西北部で古代の原住民が、雷雨や暴風雨で亀裂した老竜脳樹の裂け目などに、白色結晶性の顆粒と油分の流出するのを発見し、異常に強烈な香気から、それを額に塗ると頭痛がおさまることなどに気づき、本能的に薬物としての効能を認めていた。それから渡来したインド人によって、初めて香料薬品としての竜脳とその油の真価が認められたのである。

その他あげれば限りはないが、大体皆同じであったと見てよろしい。

西はアラビア南部と対岸の東アフリカから遠く東のはてのモルッカとバンダにかけて、広大な海洋を結ぶ各地方と島嶼に産した主要香料の品名と原産地は、右にあげた略図のとおりである。

これらの各地方に原産した香料が、東西の文化民族にどのように使用されていたのか。それから西南アジア、インド、東南アジアなど、熱帯アジアの諸民族についても考えなければならない。それで現代以前の香料の使用を概観すると、大体次の三つに大別される。

㈠ 焚香料（Incense）

㈡ 調味料（Spices）

㈢ 化粧料（Cosmetics）

いささか以上に極端であるが、東の中国人は沈香木を焚いて妙香を知り、インド人は白檀を身体に塗抹して佳香に耽溺し、ヨーロッパ人は丁香の辛辣な辛さと味と焦げ臭い匂いに食生活を楽しんだといえよう。しかし焚香料は東西ともに古代から香料の中心として使用し、調味料（すなわち香辛料）また同じである。ただ化粧料としての香料は、古代オリエントとエジプトから始まって、ギリシア、ローマへと発展変化し、現代の香料へと進む要素を形成している。そして化粧料に賦香する香料は、西南アジアから地中海にかけてのレジン、バルサム、草木、花などの匂いを主体としている。だからスパイス・ルートの現代以前の香料は、焚香料と調味料のどちらかに属するものがほとんどである。

東西両洋の焚香料

ある特種な植物の分泌物である香気に富む樹脂分（fragrant gum resin and balsam）は、東西両洋を通じ古代から香料として使用されている。火中に投じてよく馨香を発するから、神や天を祭る火の祭典に欠くことのできないものである。この火で焚く香料、すなわち焚香料が香料使用の主体であった。英語で香料を perfume というが、ラテン語の煙（fume）を通じて（per）匂うの意味で、現代の香料の出発点が古代の焚香料からであることを明らかにしている。植物の芳香ゴム（バルサム）樹脂は、植物の他の部分、例えば「花、葉、果実、種子、皮、幹、枝、根（茎）」などより、香気分を含有する率がすこぶる高い。匂いの塊であるとさえいえる。そしてガム・レジンはゴム質であるため、常温では香気をあまり発散しないから、採取したもとのままで長く香料として保存できるし、また火で焚いて随時使用できる。

この焚香料は、西方アラビアの乳香と没薬、インドから東方の沈香木の二つに大別される。この場合、乳香と没薬は樹木の切傷から分泌した芳香ゴム・レジンの塊であるが、沈香木はそうではない。密林の中にまれに発見される原樹の、枝幹の小部分の木質中に樹脂分が沈着凝集したものである。だから芳香樹脂であっても、乳香、没薬のように樹脂分だけの塊ではない。樹脂分が緻密に沈着している木質、すなわち香木を焚くのである。この違いをはっきり知ってもらいたい。

沈香木の原樹は、インド東北部ブラマプトラ河上流のアッサム地方、そして粗悪品は南部のデッカン高原、それからベトナム、タイ、マレイ半島、スマトラ、また南シナと海南島などの密林中に、まれに発見されるアキラリア属その他の数種の常緑喬木に生じるものである。原樹の幹や枝にはなんの匂いもないが、樹木の小部分に外傷その他のこと――原樹が倒れ地中に埋没するなど――で、ある種の刺戟が加わると、その部分だけに樹脂分の沈澱を生じ、樹脂分が緻密に木質の中に沈着して沈香木というものとなり、この小部分だけはいつまでも朽廃しないで残っている。

沈香木の発見と使用は古代のインドに発したようである。彼らインド人は香とは元来穢（けがれ）を去り、諸天を清浄にするものであるという。暑熱のため身体から臭気を発するので、香を焚き、あるいは身体に塗抹して諸天と仏を供養したのだろう。東方の中国人は三世紀ごろベトナムとマレイ半島の沈香木を知り、その香気を清遠、清淑、醞藉《うんしや》豊美、清澄などと感じ、

世に得がたい奇材であるから、これを焚けば瑞気は氤氳《いんうん》（生き生き）と立ちこめ、祥雲は繚繞《りようじよう》として、上は天に通じ、闕下《けつか》は幽冥（あの世）に通じる。

という。また幽雅沖澹《ちゆうたん》で形容することのできないもの（不可形容之妙）であるという。甚だもって奥深い澄み切った馨香で、つんと鼻の底まで突き射す匂いである。そして微かに昏倒の気をはらむところがあって、紅袖の熱意をもやすものさえある。このように微眇幽玄な沈香木の匂いは、中国人の性格によくマッチして、匂いといえば沈香、「香すなわち沈」一辺倒であった。だから中国人の香料は、沈香木を主体とし、焚香料に限定されていたのである。そして彼らの求めた香木は、南シナから海南島、ベトナム、タイ、マレイ、スマトラに限られ、ビルマ北部とインドには及んでいない。沈香木の

最大需要者は中国人であり、彼らの匂いは沈香であったが、インドからは沈香木を得ていない。また十三、四世紀に沈香木中の最優秀品である「伽羅木」をベトナムの山中に発見し、愛用しているが、ほとんど中国人の使用である。要するにインド産の沈香木はインド人に、東南アジアの産は中国人に消費されたのであるから、スパイス・ルートの沈香木の流れは、このように解釈しなければならない。

次はアラビア南部ドウファルの乳香と西南部の没薬である。——と同時に、この二つの香料は対岸東アフリカのソマリーランドに出す。——乳香は「ヘブライ lebonah、アラビア lūban、ギリシア libanos」であるが、古代アッカドの la-ba-na-tum すなわち神官（la-bi）が固形樹脂（na）を焚く（t-um）意味から発しているようである。ボスウエリア属の植物の芳香ゴム樹脂で、乳白色を呈し、焚けば優雅な香煙（delicately aromatic smoke）を出すが、甘美（sweet）な匂いである。没薬は「アッカド murru、ヘブライ mor、アラビア murru、ギリシア murra」で、この意味は刺戟が強い（bitter）である。赤褐色の不規則な塊状のゴム樹脂で、乳香と対照的な香気である。乳香が古代オリエント、エジプト、ギリシア、ローマを通じ焚香料、いや香料の代表として用いられたのに対し、没薬はむしろ医薬にあてられ、香膏と香油（ointment, unguent）の賦香料の主体となっている。そして没薬賦香の香膏と香油は、古代エジプトからギリシア、ローマへと普及して、現代ヨーロッパの化粧料（cosmetics）の源流であると考えられる。であるから南アラビアと東アフリカの乳香と没薬は、古代泰西の香料の代表であった。キリストの生誕に当り「乳香（神）、没薬（医師すなわち、救世主）、黄金（現世の王）」の三つが、東方から来た三人のマギによってささげられたと、「マタイによる福音書」が伝えているわけはここにある。

乳香と没薬はこのように泰西の香料の中心であるが、と同事に古代から、インドに送られている。インドではこれとよく似た偽乳香（クンズル）と偽没薬（ググルすなわちブデリアム）を出し、インドの代表的な樹脂であるが、これにアラビアの真正の乳香と没薬をそれぞれ混じ、偽和加工した樹脂として盛んに使用している。ある時はインドで加工された種々の樹脂系香料が、泰西と東アジアとくに中国へ送られ、五、六世紀代の中国人は、これを薫陸香と称し、天竺と波斯（ペルシア）から伝来する樹脂系香料の一つとしている。ところが、八世紀の唐代から真正のアラビア乳香が南海から中国に輸入され、ことに十三、四世紀の宋代から元代にかけて乳香の大輸入となった。南宋政府は輸入乳香を独占的に買い上げ、民間に売却して財政収入の大きな柱の一つとしたほどである。宋政府の南海貿易は「香薬、象牙、犀角、珊瑚、珠貝、亀甲、瑪瑙」などであったが、量と金額の上から乳香の輸入は他を圧している。この乳香はスマトラの三仏斉とベトナム南部の占城《チャンパ》を経由して輸入されているが、イスラム系商人の中国へ将来する商品の主体であった。十三世紀末のマルコ・ポーロは、ペルシア湾入口のオルムスからインドへ渡海する船は、船底にバラストとして乳香を積み込み、その上にインドへ売りこむ馬を乗せているというほどである。ここで考えてもらいたい。中国人の香は、古来一貫して沈香木を焚くことである。にもかかわらず、宋・元代を通じてアラビア乳香を焚くことが実際には大流行であった。乳香は薬品にあてることはすくないから、輸入量の大部分は焚香料にあてられたのである。十一世紀の丁謂は、「人間《じんかん》に尊ぶものは沈香と乳香であって、これを焚けば諸天に通じるが、沈香を宗《そう》とし乳香を副としている」と、あくまでも中国人本来の沈香木を中心と考えている。しかし現実には、広く一般に大量のアラビア乳香を焚いていたのである。中国の香料の歴史の上で、忘れてはならない現象であった。

樹脂系香料の大宗《たいそう》である東の沈香と西の乳香・没薬に対し、焚香料として重要な存在は白檀《びゃくだん》（sant-al）である。この匂いは、樹脂分ではなくて白檀樹の精油（essential oil）分である。中国人は樹脂系の沈香木とならんで大切な香木として焚香料にあてるとともに、薬用あるいは器用調度品の材に広く使用している。インドでも同じであるが、香木として焚くとともに、いやそれ以上に白檀の粉末を身体に塗布し、貴重な薬物として彼らになくてはならないものである。中国人の香が沈香であるとすれば、インド人の香は白檀であると、私がいうわけはここにある。この原樹はインドネシアの東部チモールを中心とするスンバ、フロレス島から、太平洋諸島そして南は西オーストラリアにかけて広く分布している。ところがインドのデッカン高原のマイソールを中心とする地方にも生育し、従来ともすれば白檀といえばインド南部のものとさえ考えられている。しかし植物の分布から見れば、むしろチモールを中心とする太平洋諸島の地帯の方が主体であって、インドにおける生育は孤立した一分派にしかすぎない。古代にジャワの東部から南インドへ移植され、マイソールを中心とする白檀となったのである。彼らインド人の強烈な需要はインド本土の産だけでは不足したから、後代までチモールから輸入していたほどである。東西交通の観点からすれば、チモールの白檀が源泉であって、インド、東南アジア、中国の需要はすべてチモールとスンバからであった。しかし記録の上で、チモールの白檀の実際の見聞が残されたのは、十四世紀前半の汪大淵の『島夷志略』の記事である。中世後期のイスラムと近世初期のヨーロッパ人がチモールの白檀に注目したのは、彼ら自身が必要としたものではなくて、インドと中国へ供給することによって得られる利潤が主眼であった。白檀はインドから東のアジアの人たちのものであったことを念頭において、その伝播経路を考えなければならない。

スパイス——東と西

インドから東方の南アジアにかけて広く生育する肉桂はシンナモンとカッシアで代表されるが、樹皮の匂いの主体はシンナミック・アルデヒドである。この歴史はインドが最も古いようで、まず西北部のインダス河上流地方から東はネパール、シッキム、アッサムにかけて、葉にオイゲノール(丁香ようの匂い)と樹皮にリナロール(樟脳ようの匂い)分をふくむ肉桂種(*Cinnamomum tamala* を中心にして)が、薬用と調味料に用いられた。ビルマ奥地の山岳地帯のこの種の肉桂の乾燥葉がマラベートラムといって、紀元前後にはローマに転送され、化粧料あるいはワインの賦香料として愛用されている。そして南部マラバルの肉桂は調味用として最も適するものであるが、この使用は北部のタマラ系よりもおくれ、紀元前をそうさかのぼらないと私は推定している。それからシンナモンの代表であるセイロン肉桂(*Cinnamomum zeylanicum*)の出現は、大体十三世紀以後である。すなわちインドでは、北部の肉桂と南部の二つに大別され、中世のイスラムとヨーロッパ人が求めた肉桂(シンナモンとカッシア)は、マラバル肉桂を主とし、それからセイロン肉桂であった。

ここで一言しておかねばならないのは、紀元前の古代オリエント、エジプト、ギリシア、ローマで使用したシンナモンとカッシアである。これがインド肉桂であったとすれば、前十五世紀頃から紀元前後まで、インド本土と紅海入口方面との海上交通があったこととなって、種々の問題を古代インド洋の海上交通に投げかけることになる。にもかかわらず、ギリシア、ローマの古典作家で、カッシアはインドから来るといったのは一世紀のストラボンだけで、他はすべてアラビア南部あるいは東アフリカの奥地から出るとしている。そしてこの肉桂は、薬用と香膏や香油の賦香料にあてられ、スパイス（調味料）として使用されていない。だから丁香臭あるいは樟脳臭の強いある種の植物が、シンナモンとカッシアであるとされ、大体東アフリカの内陸から出たようであるが、その実体は今日なお突きとめられていない。古代泰西の肉桂の源流は、神秘のベールにつつまれた謎の存在である。

さて雲南、南シナ、北ベトナムにかけての肉桂種がある。*Cinnamomum cassia* を中心とするシナ肉桂と通称するものである。中国人が百薬の王者、すなわち薬品の薬品として認めたものであるが、中国人の使用は紀元前後からである。インド南部のマラバル肉桂と同じく、刺戟性の爽涼感あふれる甘味であるが、インド肉桂より刺戟性と薬臭が強く、味はむしろビッターで、ヨーロッパ・スタイルの調味料（スパイス）には向かない。中国人は薬物の王者であるとともに薬味であるとし、彼らの肉桂は南シナから北部ベトナムの産に限っている。十六世紀のポルトガル人は、中国に肉桂のあることを知らなかったほどであるといわれている。彼らの目的とする肉桂はセイロンとマラバル産であって、インド北部の肉桂もシナ肉桂も眼中になかった。彼らのスパイスとして有用でなかったからである。

それから性状の点でインド肉桂とシナ肉桂の中間的な存在としてマレイ(すなわちジャワ)肉桂がある。クリット・ラワンとカユ・マニスで、中世のイスラムにいくらか使用されたようであるが、ほとんどマレイ諸島の住民の使用にあてられ、東西を結ぶスパイス・ルートの香薬ではなかったようである。

十六世紀初めのポルトガル人、トメ・ピレスは、

マレイの商人は、神はチモールを白檀のために、バンダを肉荳蔻のために、モルッカを丁香のために作られたので、これらの島々を別にすると、これらの商品のある所は、世界のどこにもないと語っている。

と伝えている。白檀は前にのべたようにインドのデッカン高原にも生育しているが、これはすべてインド人の需要にあてられ他国へ転送されていない。丁香と肉荳蔻は、十八世紀まで世界のどこを探してもモルッカとバンダの小島以外には絶対に産出しなかった。ヨーロッパ人の鳥獣魚肉とオリーブ油を主体とする調理に、防腐、刺戟、種々の味と匂い、すなわち香味を与え、食卓の飲食品を快適にするため欠くことのできないものである。特に丁香がなければ、塩乾の鳥獣魚は臭くて臭くて口に入らない。——薬用もあるが、ここでは省略する。——防腐上の効能とともに焼けつくような特異の焦臭と辛さは、甘いと辛いとどちらの料理にもよくマッチして、食生活を楽しくすることができる。それから精力剤(一種の媚薬)であり、同時に消化剤で、中世の末から一般にそう信じられていた。胃腸と

肝臓を丈夫にし、精力（vitality）を充実させ、形容のできない刺戟と香味を食品にかもし出して食欲をそそる。そしてスパイスの代表であると見なされたから、原産地のモルッカ諸島は、別名をスパイス・アイランドと通称された。十六、七世紀のヨーロッパ人の東洋航海の最大目的地は、丁香のモルッカと肉荳蔲のバンダである。この二つのスパイスの独占支配によって莫大な利潤が得られる。そのためには手段をえらばない。ポルトガル、スペイン、イギリス、オランダ人と原住民との間に、闘争、流血、残虐など歴史上の一大汚点が残された。

しかしモルッカとバンダの現地に、実際足をふみ入れ記録を残したのは、十四世紀前半の中国人、汪大淵であった。彼によって、中国人がヨーロッパ人より早く丁香と肉荳蔲を現地で入手していたのがわかる。中国人は、丁香は三世紀代から、肉荳蔲は七、八世紀ごろから知っていた。しかし彼らは、香料（焚香料）と薬用にあてていただけで、スパイス（香辛料）すなわち彼らのいう薬味として、後代まで使用していない。だから中国人のモルッカとバンダ渡海は、フィリッピン群島の西部を南下して、彼らの必要とする量を求めたにすぎなかった。中国人の渡来以前からジャワ人、そして十五世紀に入ってマレイ商人が渡来し、この両者によって丁香と肉荳蔲はまずマラッカへ、そしてインド南部へ送られ、ヨーロッパへ伝播していた。だから十五世紀のマラッカについて、トメ・ピレスは「マラッカの支配者となる者は、ベネチアの喉に手をかけることになるのである」といったほどである。

最後は量の上からいって、スパイスの代表としてはインドとジャワ、スマトラ、マレイの胡椒がある。従来ともすれば、胡椒の伝播は、紀元前後のローマ人、中世のイスラム、近世のヨーロッパ人の需要、すなわち西方への伝播だけが論じられて、十三世紀―十六世紀の間、ヨーロッパ全土の消費量よりも多く使用した中国のことが全く忘れられている。いわゆる南海胡椒の東方伝播である。

中国では宋代、特に十三世紀の初めから大都市の人口集中がいちじるしくなり、市民の消費生活が異常なほど向上して、ジャワ胡椒の大輸入となった。この結果、胡椒の対価として中国の通貨である銅銭が大量に流出し、ついには銭荒状態（銅銭飢饉）を呈したほどである。しかしジャワでは中国向け輸出のため、従来自然の生育にまかせていた胡椒の人為的な栽培が開始され、輸出のための栽培農作の先駆をなしたようである。そして十四世紀の元の時代には、一時的であるがインド、マラバルの胡椒まで輸入したが、中国の年間輸入量がヨーロッパ全体より多かったのは事実である。トメ・ピレスの報告によれば、十五世紀末の胡椒の年産出量は概算で、

インドのマラバル　四〇〇〇トン、スマトラ西北部　三五〇〇トン、マレイとジャワ　五〇〇トン、計約八〇〇〇トン

と推定される。そして十五世紀末の年需要量は、

中国　二〇〇〇ないし二五〇〇トン、ヨーロッパ　一六〇〇トン内外

と推計される。中国はスマトラ、ジャワ、マレイから、ヨーロッパはインドから供給を受けている。その後ヨーロッパの需要は拡大し、殊に十七世紀に入ると、オランダ人、イギリス人はジャワで中国人と対立して買占めにかかっている。委細は省略しなければならないが、スパイス・ルートの胡椒伝播について、東方中国の存在は無視できないのである。

ところが中国人は、胡椒をスパイス（香辛料）として認めていない。実際には全ヨーロッパ以上に消費していても、薬品の一種としての薬味料であって、ヨーロッパ流のスパイスとしてではない。中国人独特の薬臭い辛辣な味つけ料である。シナ肉桂とともに、薬味としての存在である。ヨーロッパ流のスパイスとして独立したものではない。にもかかわらず、実際はヨーロッパ以上に使用しているから、スパイス・ルートの歴史の流れの上では、十分に考えなければならない。

スパイス・ルートの終幕

ヨーロッパ側から見てスパイス・ルートの歴史は紀元前後のローマ人のインド渡海に始まるとすれば、終幕はいつだろう。――この場合、スパイスを広く香料としないで、香辛料に限定している。――スエーデンのクリストフ・グラマン氏は、十七世紀のオランダ東インド会社が、本国に輸入した主要輸入品のインボイス値段を百分比で示している。この表は本書の一九〇頁にあげているからそれを見られたい。それによると十七世紀の一〇〇年間を通じ、大体二〇ないし三〇年毎に表示されているが、輸入総金額は下段に記しているように逐次増加して、最後の年は最初の五・一倍であるから、各商品も実際はその比率で増加している。

表を見てわかるように、十七世紀の前半は胡椒時代である。それに丁香と肉荳蔻を加えると、全体の七〇～七五パーセントはスパイスで占めている。このようなスパイス時代は、一六五〇年を頂点として、後半は綿布と織物にうつり、十八世紀から茶とコーヒーなどがやがてスパイスに代る萌芽を示している。これは一例であっても、南アジア全体の各種の香料が、商品として南方海上交通の主役を占めた時代は、大体十七世紀の半ばをもって終幕を告げたといってよかろう。

（附記）マレイ、スマトラ、ボルネオ北部の天然竜脳は、貴重な香薬である。この代用品として十三世紀からシナ樟脳、十七世紀から日本樟脳が出現したことを記しておきたい。殊に日本樟脳は十七、八世紀にかけて世界的な名声を博し、日蘭貿易の主要輸出品であった。しかしこの樟脳はヨーロッパへ送付される量はすくなく、ほとんどはインドのスラットに送られ、インド人の需要にあてられている。すなわち最高貴薬とされた天然竜脳と代用品である樟脳の大需要者は、インド人で、次はイスラムそして中国人であった。

あとがき

本書は第一部の題名をもって書名としているが、全体を通じて一貫しているものは、古今東西の文化民族が香料薬品すなわち私がいうところの香薬を、どのように生活の中に取り入れて使用していたかということである。

第一部は、㈠古代オリエント・エジプト・インド・アラビアと辿って、人間と香薬の繋がりの源流を求め、㈡では中国と日本の香薬の使用が、西の世界と異なった様相を呈しているのを明らかにし、㈢で近世初期のヨーロッパ人の、スパイスすなわち香料であるという生活を、十六世紀ポルトガル人のインド進出を中心に展開している。

一見したところ短文の寄せ集めのようであるが、全体を通読すれば、一つの筋を通し、極めて平易にわかりやすく古今東西の香薬の歴史を概観している。それから、どこから読まれてもよろしい。どの短文も、それ相応の意義を持っているからである。例えば逆に読んでゆくと、身近かな時代から古代にさかのぼって、ある意味では面白かろう。

第二部は、十六世紀のポルトガル人とスペイン人、十七世紀前半のオランダ人とイギリス人が、南アジアのスパイスを求めた歴史である。「大航海時代」の出現は「胡椒・肉桂・丁香・肉荳蔻」の四大スパイスの獲得から始まった。欧米でも日本でも、この歴史は多くの学者・識者によって説かれ、汗牛充棟《かんぎゅうじゅうとう》だとさえ言えるだろう。ある人はドラマチックに、あるいは実証的に、多種多様な意図がのべられている。その中で、私は、ヨーロッパ人が生命を賭《と》して熱望したスパイスに焦点をしぼり、簡明率直に、独自の方法をもってしている。南アジアで生産したスパイス全体の動きを数量と価格の上から概括し、ポルトガル人が獲得できたスパイスの実態、そして十七世紀前半の蘭英両東インド会社のスパイス貿易がどのような結果に終ったのか。この二点について極めて大胆に、根本資料にもとづく数字を要約し、推定し、一つの仮説を立てて彼らヨーロッパ人東洋進出の根源を端的に突こうとしている。

また彼らの進出した跡を、いくらかの残された遺跡の中に求め、彼らの心情のほどを知ろうとしている。そして彼らが他のなにものにもまして探求したスパイスの実態を、当時の彼ら自身が残した説明によって明らかにする。こうしてこそ、初めて「スパイスの世紀」は正確になると思うからである。私の叙述は、ときにロマンチックな小文を交え、歴史の流れから逸脱しているようであるが、私としてはそのつもりではない。

本書は先に出した、

『香談—東と西』・『香料—日本のにおい』・(叢書・ものと人間の文化史)・『スパイスの歴史—薬味から香辛料へ』

につづく第四冊めである。私の半世紀に近い香料史の研究は、この四部作で読者に親しみやすく読みやすいようにまとめられている。殊に本書の第一部は、前の三冊の全体を手っ取り早くまとめ、第二部は『スパイスの歴史』の続篇である。本書とともに既刊の三冊を一読されるのを切望してやまない。前の三書もそうであったが、法政大学出版局の厚情を私はありがたく思っている。同局の松永辰郎氏は原稿の閲読、本文の組み、校正その他、本書が世の光を浴びるまで委細の尽力を惜しまれなかった。氏の熱意を徳とするものである。

昭和五十五（一九八〇）年八月

山田　憲太郎

著　者

山田憲太郎（やまだ けんたろう）

1907年長崎県に生まれる．1932年神戸商業大学卒業．22年間香料会社に勤める．名古屋学院大学名誉教授．1950年文学博士．1977年日本学士院賞受賞．1983年2月死去．

主著：『東亜香料史』（1942），『東西香薬史』（1956），『東亜香料史研究』（1976），『香談──東と西』『香料の道』（1977），『香料』（1978），『スパイスの歴史』（1979），『南海香薬譜』（1982）．

香薬東西

1980年 9 月 1 日　　初版第 1 刷発行
2011年 7 月15日　改装版第 1 刷発行

著　者　山田憲太郎 © Kentaro YAMADA

発行所　財団法人 法政大学出版局
〒102-0073 東京都千代田区九段北3-2-7
電話03（5214）5540／振替00160-6-95814

製版・印刷：三和印刷，製本：ベル製本

Printed in Japan

ISBN978-4-588-35226-3

山田憲太郎 著書

香談 東と西 二五〇〇円

香料 日本のにおい 《ものと人間の文化史27》 三三〇〇円

スパイスの歴史 薬味から香辛料へ 二八〇〇円

香薬東西 二六〇〇円

南海香薬譜 〈オンデマンド版〉 九五〇〇円

法政大学出版局／価格は税別